U0278935

云南普洱24寨

普洱帝国

郝连奇　浦绍柳　编著

华中科技大学出版社
http://www.hustp.com
中国·武汉

编委会

主　编：郝连奇　浦绍柳

编　者：范承胜　张续周　贾宁燕　王　静　伍　岗　蔡　丽
　　　　毕晓清　张艳梅

友情支持编者（按拼音首字母排序）：
　　　　艾专香　布　先　陈键锋　陈　霞　二　爬　何天强
　　　　郝金建　黄　淼　老茶树（李树宏）　李贵强　李国江
　　　　李灵明　李荣林　李中良　李忠发　鲁建华　鲁寿春
　　　　彭成刚　乔　栋　三　爬　苏其良　斯　蓝　魏记荣
　　　　小　三　杨慧玲　杨　锦　杨思华　杨丫头　岩旦南
　　　　岩三叫　岩三根　岩少中　岩　永　扎　二　扎　务
　　　　自云丽　周顺明　周凤明　周新龙　张时光　郑　涛
　　　　瞿成高

制茶能手

写给读者的话

　　普洱茶市场在经过 2007 年的过山车式起伏后，消费市场逐渐趋于理性，2014 年云南地区以古树茶为标榜的山头茶，又一次引爆普洱茶市场。我们经过多年走访、比对，列举出市场知名度比较大，影响力比较广，有一定代表性的 24 个寨子。我们不想参与任何市场的炒作，更不想在已经火爆的名山名寨上锦上添花。写作的初衷是通过观察、研究、分析，力求还原真实的 24 寨，并找寻名山名寨背后的东西，以便带动更多的山头、更多的寨子发展起来，希望更多的寨子能定位出自己的风味特点，让茶农将茶卖出好价钱。

　　通过调查研究我们发现，名山名寨的茶除了独具历史、民俗、风情等文化背景外，还有它的区域代表性，以及鲜明的品质特点。它们共同的特征是数量少、生态好，往往以古树茶为依托，带动小树茶和周边茶区。以冰岛为例，冰岛老寨出了名，火的不仅仅是冰岛五寨，还带动了周边的村镇，尤其是勐库 16 个村委会的 103 个寨子，让几万茶农受益。所以，在当今产过于求的普洱茶市场，多挖掘各地的风味特点，人文、地域等优势，实现普洱茶风味多样化，让边远偏僻的少数民族兄弟更快地富裕起来，或许这是一条简便通道，尤其是其还具有可持续性。这也是本书作者出版此书的主要目的。

　　特别声明：云南的名山名寨很多，书中所列举的 24 个寨子有一定的局限性，由于统计方法、渠道来源等原因，所涉及的数据也会有一定偏颇。另外，本书于 2022 年 6 月第六次加印，遂我们将书中 24 个寨子的数据更新至 2021 年，供大家参考。由于作者水平有限，本书肯定存在不足之处，欢迎各位茶友、老师批评指正。

郝连奇

二〇二二年五月二十日

序

云南是世界茶树起源的中心地带，是普洱茶和滇红茶的故乡。"十三五"以来，云南茶产业以实施高原特色农业现代化战略为契机，以打造"千亿云茶"为目标，充分发挥自有的资源、气候和生态环境优势，不断挖掘发展潜力，产业实现了快速、健康的发展。目前，全省16个州市129个县市中有15个州市110多个县市区产茶，涉茶人口800多万人。茶产业已经发展成为云南省山区和半山区农民脱贫致富、企业增效、财政增收的传统农业支柱产业。

云南位于我国西南边陲，是充满神秘色彩的边疆多民族大省。不仅动植物种类资源丰富，素有"动植物王国"之称，而且历史文化悠久，自然风光绚丽，境内分布着大量的野生古茶树及其群落，半驯化的野生茶树和人工栽培的数百年以上的古茶园（林），是广大茶叶科技工作者和茶叶爱好者向往的圣地。

常言道"好山好水出好茶"。云南境内的很多茶山茶寨，由于生态环境优异、资源丰富、气候宜人，非常适合茶树的生长，所生产的茶叶品质优异，成为家喻户晓、茶农生活富足的名山名寨，如老班章、冰岛、南糯山等。但云南仍有许多不为外界所知的茶山茶寨，尽管也出产好茶，因为缺乏必要的宣传和推广，茶叶滞销的现象普遍存在，当地老百姓生活依然比较贫困。这几年每到茶季，多能看到郝连奇先生和范承胜先生等在微信群里转发的云南茶山的照片，持续几十天。起初以为是远游猎奇，后来得知他们在实地探寻云南的普洱帝国，他们花费了几个月的时间和精力，不辞辛苦，驾车几万公里，踏遍云南普洱茶区，寻访茶山、拜访茶农，收集茶样、土样。问茶途中的艰险自不必说，深山茶寨的第一手资料确是弥足珍贵，值得分享。

从寻访的茶山中，他们遴选了 24 个有代表性的茶山茶寨，以游记的方式记录了云南山寨问茶的经历，汇编成《普洱帝国》。该书图文并茂，简明扼要，通俗易懂，信息量大，是广大茶叶爱好者和茶叶工作者不可多得的参考资料。作者通过寻访当地老茶人，查阅历史资料，详细介绍了各个茶山茶寨的自然条件、民风民俗、茶叶品质特征等信息。通过对 24 个山寨茶山土壤有机质、速效钾、速效磷等含量和茶样中酯型儿茶素、游离氨基酸等茶叶内含特征性品质成分的检测，剖析了当地茶叶独特品质的物质基础和形成原因。通过历年来当地的茶叶价格统计，深入分析了市场变化的趋势。这些可能都是广大普洱茶爱好者一直关心的问题。

本书作者团队郝连奇、浦绍柳、范承胜、张续周四位先生均毕业于安徽农业大学茶业系，二十多年来深耕于茶叶研发、生产、销售的第一线，四位是大学同班同学，风华正茂、事业有成，此次联手合著《普洱帝国》，是专业人做了专业事。我有幸以辅导员的身份与他们朝夕相处四年，深知几位的专注和敬业，谨此为序，望能为他们加油鼓劲，更希望通过他们的努力帮助云南深山的普洱茶寨找到自身的优势和特色。

张正竹
二〇一八年四月二十日
于安徽农业大学茶树生物学与资源利用国家重点实验室

目录

云南普洱茶区介绍

一、我国的茶区划分

中国茶区分布在北纬 18°~37°，东经 94°~122°的广阔范围内，包括浙江、湖南、湖北、安徽、四川、福建、云南、广东、广西、贵州、江苏、江西、陕西、河南、台湾、山东、西藏、甘肃、海南 19 个省区的上千个县市。地跨中热带、边缘热带、南亚热带、中亚热带、北亚热带和暖温带。在垂直分布上，茶树最高可种植在海拔 2600 米高地上，而最低仅距海平面几十米或百米。在不同地区，生长着不同类型和不同品种的茶树，决定着茶叶的品质及其适制性和适应性，形成了一定的茶类结构。

我国茶区辽阔，茶区划分采取三个级别，即一级茶区，系全国性划分，用以宏观指导；二级茶区，系由各产茶省划分，进行省区内生产指导；三级茶区，系由各地县划分，具体指导茶叶生产。

二、云南的茶区划分

根据云南的行政区域，云南主要分为五大茶区：

1. 滇西茶区：临沧、保山、德宏。
2. 滇南茶区：普洱、西双版纳、红河、文山。
3. 滇中茶区：昆明、大理、楚雄、玉溪。
4. 滇东北茶区：昭通、曲靖。
5. 滇西北茶区：丽江、怒江、迪庆。

云南的普洱茶主要集中在滇西茶区和滇南茶区，两个茶区普洱茶产量占全省的 91.8%。滇中、滇东北和滇西北三个茶区的普洱茶产量仅占全省的 8.2%。

忙肺
永德县

三、本书的茶区

云南普洱茶的产区包含11个州（市），其中普洱茶的主产区只有三个州：

1. 西双版纳（一市二县）：222个村委会，2217个自然村。其中勐海县有85个村委会，888个自然村；勐腊县有52个村委会，511个自然村。

2. 普洱（一区九县）：993个村委会，8772个自然村。

3. 临沧（一区七县）：897个村委会，7982个自然村。

普洱茶主产区的寨子有18 977个，本书的24寨是从这一万多个寨子中选出的、具有一定代表性的寨子。

本书的茶区既没有按行政级别，也没按茶树品种、品质特点来划分，而是按茶友的称谓习惯，更多的是考虑方便读者阅读，有不妥之处，敬请海涵。

四、本书的24寨

1. 布朗山区（4个）：老班章、新班章、老曼峨、章家三队。

2. 易武茶区（3个）：刮风寨、麻黑寨、薄荷塘。

3. 临沧茶区（6个）：冰岛老寨、西半山小户赛、东半山正气塘、忙肺、邦东那罕、昔归忙麓山。

4. 象明茶区（3个）：莽枝、革登值蚌、倚邦曼松。

5. 其他茶区（8个）：景迈大寨、南糯山半坡老寨、勐宋那卡、普洱困鹿山、普洱邦崴、勐混贺开、巴达章朗、格朗和帕沙。

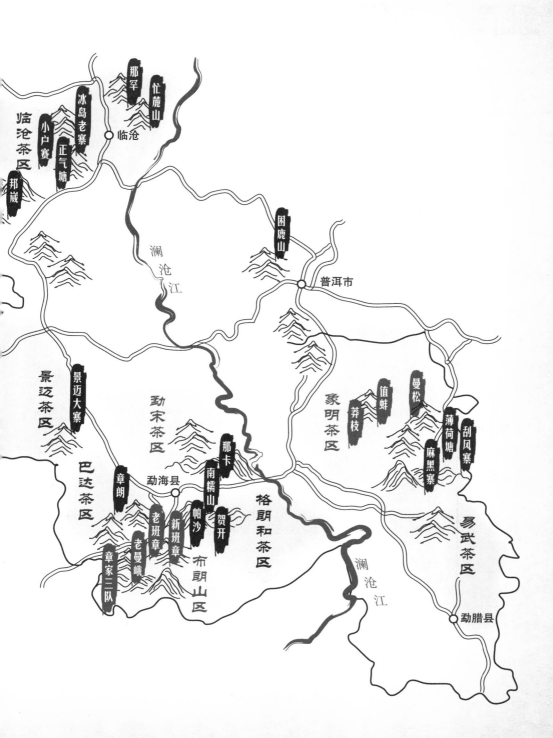

云南普洱24寨茶评

村寨	茶评
老班章	干茶色泽乌润，条索粗大，芽头壮实、显毫；茶汤黄绿明亮；香气高扬，有独特的花蜜香，有人称作班章香，杯底留香持久；滋味浓醇，饱满而协调，回甘快，气韵强劲，耐冲泡；叶底颜色黄绿，叶质厚实、柔软，多椭圆形，也有细长形。总体感觉是茶气足，苦涩化得快，生津强，回甘持久。
新班章	干茶色泽墨绿，条索粗壮、显毫；茶汤清澈明亮，香气高扬，有花蜜香，或兰香；茶汤饱满，分布均匀，生津快，回甘长，入口即能明显感觉到茶汤的强度。新班章古树茶的总体感觉是花香明显，茶气足，苦涩化得快，生津强，回甘持久。
老曼峨	干茶条索肥壮厚实、显毫；香气高扬；汤色剔透明亮、滋味浓烈，耐冲泡，入口苦味重一些，但化得相对较快，回甘较好。久放之后滋味更加醇厚，所以很多人愿意收藏老曼峨。老曼峨古树茶的总体感觉是茶气足，苦底重。
章家三队	干茶色泽乌润、显毫，条索较壮实；汤色金黄；香气略带有焦味；茶汤浓稠，苦底重于涩底，不过化得快；叶底肥壮鲜活。总体感觉是茶味厚实，口腔有较强的充实感。
刮风寨	干茶青褐油润、显毫、梗长；汤色黄绿明亮；香气柔和带有蜜香；滋味顺滑，入口柔和，苦涩感不明显，有喉韵；叶底黑、长、粗、厚。刮风寨古树茶的总体感觉是茶香水柔，苦后长甜，柔中有烈，十几泡后意犹未尽。
麻黑	干茶色泽乌润，条索壮实，茶梗较长；茶汤明亮；香气清幽，有花香，有人称作蜜兰香；滋味醇厚顺滑，涩感不明显，甜度好，有回甘。总体感觉是温柔而细腻，高雅而绵长。
薄荷塘	干茶色泽墨绿，条索壮实，梗长，茶汤金黄明亮，花香幽深而浓郁，入口有明显的清凉感，水路细腻稠滑，回甘持久，喉韵明显。总体感觉是茶汤柔甜，滋味饱满，喉韵深厚。
冰岛老寨	干茶色泽墨绿，润泽显毫，条索粗大，芽头肥壮；汤色金黄明亮；香气清爽高长；滋味鲜爽醇厚，水细而饱满，涩少苦轻，回甘持久，有明显的冰糖韵，耐冲泡；叶底黄绿明亮，条索清晰。总体感觉是鲜、爽、醇、厚、柔都达到极致，有身心愉悦的清爽感。
小户赛	干茶色泽墨绿显毫，条索壮实；汤色黄绿清亮；香气高锐，有花香；滋味醇厚，微有苦涩感，回甘快。总体感觉是茶汤饱满滑顺。
正气塘	干茶色泽乌润多毫；香气清鲜而持久；滋味鲜爽而饱满，回甘明显。总体感觉是注水起茶香，清鲜而高长，滋味与冰岛老寨相比，协调性稍差些。
忙肺	干茶外形乌润显白毫，条索紧结舒展；香气高扬，有花香；汤色黄绿明亮；口感鲜爽厚重，微有涩感，舌底生津；叶底墨绿柔软。忙肺古树茶的总体感觉是滋味厚，茶气足。
那罕	干茶色泽乌绿油润，条索细长；香气高扬，有兰香或菌香；茶汤入口苦感较低，回甘快而且持久。总体感觉是香高味浓，回甘持久，所以笔者用"一帘幽香"来形容那罕茶。

村寨	茶 评
昔归忙麓山	干茶色泽乌润，汤色淡黄清亮，香气高锐，有明显的菌香或参香；茶汤浓度高，滋味厚重，茶气强烈却又汤感柔顺，水路细腻并伴有回甘与生津，口内留香持久。
莽枝	干茶色泽乌润显毫，条索较小，梗长；花香明显；茶汤厚糯，苦感明显，但退得快，涩感低，生津突出，回甘持久，喉韵感明显。莽枝古树茶的总体感觉是滋味丰富，有苦底。
革登值蚌	干茶色泽乌润，芽头满披银毫，条索松散；汤色金黄明亮；香气外扬，呈甜香或蜜香，有较强的山野气息，杯底有花果香；滋味醇厚，涩感明显，苦中带甜，回甘较好。总体来说：香高、水甜、茶气足。
倚邦曼松	干茶色泽墨绿，茶条较小，但芽叶肥嫩；茶汤黄亮，香气清甜淡雅，滋味醇厚，水路细腻柔滑，回甘绵长。总体感觉是水细茶柔，香气高雅，回甘持久。
景迈	干茶颜色乌润，条索较小；花香明显；汤色浅黄明亮；入口有甜感，随后发苦，最后是明显的涩味，涩味主要集中在上颚后部和舌根部，除涩感外，其他刺激性较弱，茶汤稍显单薄。
南糯	干茶色泽墨绿油润，粗壮显毫；汤色金黄透亮；茶汤内质饱满，苦短甜长，略有涩感；叶底肥厚柔软。南糯山半坡寨茶的显著特点是香气：初嗅干茶，有淡淡的荷香；茶芽苏醒，再嗅湿茶，出现梅子香；茶水充分融合，香气入汤，果香、兰花香竞相显露。
那卡	干茶色泽乌润显毫，条索紧结；汤色金黄明亮；香气强劲；滋味醇厚，涩感明显，有较强的生津和回甘；叶底黄绿匀齐。总体感觉是涩感明显，但生津强。
困鹿山	困鹿山古树茶以中叶种居多，干茶色泽乌润显毫；香气内敛沉稳，有独特的花香，汤香和杯香之间平衡得十分优秀；汤色黄绿明亮；滋味丰富润厚，香、甘、醇都有，微苦、有涩感，化甘快，喉韵甘润持久。总体感觉是香韵独特，气蕴上扬而沉实，滋味丰厚。
邦崴	干茶色泽黑亮，条索粗壮；汤色金黄明亮；香气高扬，有樟木果香；叶底黄绿；入口苦涩比较明显，但很快会有回甘；涩退去得较慢；汤质饱满，山野气韵强。总的来说：山野气韵浓烈、内质层次分明、茶汤厚重甜醇是邦崴茶的独特标志。
贺开	干茶色泽乌润，芽头白毫显露，条索稍长；汤色金黄明亮；香气纯正，有淡淡的兰香；汤质柔顺而饱满，涩显于苦，苦化甘较快，杯底香明显且较持久。总体感觉是汤质饱满。
巴达章朗	干茶润泽显毫；茶汤明亮；有山野的花香，微苦涩感，苦稍长，微涩，轻度收敛。巴达章朗古树茶的总体感觉是有山野的花香，微涩，有苦感。
帕沙	干茶条索粗壮显毫；汤色黄绿明亮；香气高扬，花香明显；入口甜感好，水路比较细，苦涩感较弱，有回甘，生津快。帕沙古树茶的总体感觉是香足和水甜。因为帕沙茶的酚类含量高，造就杀青完成之后有自然的高香，而且古茶树内含的化学成分特别丰富，滋味调和好，香高味浓，滋味醇厚。

云南普洱24寨的二十二年价格表 （特别声明：此价格只做参考。）

老班章

年份	春茶价格（元/公斤）	秋茶价格（元/公斤）
2000	6	6
2001	8	8
2002	100	30
2003	120	40
2004	140	50
2005	300	100
2006	500	200
2007	1200	500
2008	600	200
2009	800	300
2010	1200	500
2011	2600	1200
2012	3000	1700
2013	3500	2800
2014	8000	3000
2015	7000	2000
2016	7000	2000
2017	8000	2000
2018	9000	2500
2019	10000	3000
2020	11000	3500
2021	12000	3500

新班章

年份	春茶价格（元/公斤）	秋茶价格（元/公斤）
2000	6	6
2001	8	8
2002	50	30
2003	80	40
2004	80	50
2005	220	100
2006	400	200
2007	800	400
2008	300	200
2009	500	300
2010	1000	400
2011	2000	1000
2012	2000	1000
2013	2500	1500
2014	3000	1800
2015	2000	1000
2016	2800	1000
2017	4000	1800
2018	5000	1900
2019	5500	2100
2020	6000	2200
2021	6500	2200

老曼峨

年份	春茶价格（元/公斤）	秋茶价格（元/公斤）
2000	6	6
2001	8	8
2002	30	20
2003	50	30
2004	60	40
2005	120	60
2006	200	100
2007	600	200
2008	100	60
2009	200	90
2010	300	180
2011	400	240
2012	500	300
2013	600	360
2014	900	500
2015	800	480
2016	1000	600
2017	1500	600
2018	1600	600
2019	2000	650
2020	2200	650
2021	2200	650

章家三队

年份	春茶价格（元/公斤）	秋茶价格（元/公斤）
2000	8	8
2001	10	10
2002	10	10
2003	20	15
2004	30	15
2005	30	18
2006	30	20
2007	160	40
2008	70	30
2009	74	30
2010	90	45
2011	120	70
2012	160	80
2013	200	120
2014	280	140
2015	230	110
2016	260	130
2017	260	130
2018	300	130
2019	500	130
2020	500	130
2021	500	130

刮风寨

年份	春茶价格（元/公斤）	秋茶价格（元/公斤）
2000	8	8
2001	8	8
2002	10	8
2003	15	12
2004	30	20
2005	100	40
2006	400	200
2007	800	500
2008	800	400
2009	800	500
2010	1000	600
2011	1000	500
2012	1600	800
2013	2000	1200
2014	3000	1500
2015	3000	1200
2016	3000	1500
2017	3000	1500
2018	3500	1800
2019	4000	1800
2020	4000	1800
2021	4000	1800

麻黑

年份	春茶价格（元/公斤）	秋茶价格（元/公斤）
2000	6	6
2001	6	6
2002	8	8
2003	15	10
2004	30	10
2005	100	45
2006	300	150
2007	450	200
2008	100	30
2009	300	100
2010	500	150
2011	800	200
2012	1000	200
2013	1200	300
2014	1200	300
2015	1500	300
2016	2000	400
2017	2000	450
2018	2500	500
2019	2800	550
2020	2800	550
2021	2800	550

薄荷塘

年份	春茶价格 （元／公斤）	秋茶价格 （元／公斤）
2000	5	5
2001	5	5
2002	80	50
2003	100	60
2004	100	60
2005	120	80
2006	400	150
2007	800	300
2008	800	400
2009	800	400
2010	1000	500
2011	1200	600
2012	1600	800
2013	3000	1500
2014	5000	2000
2015	12 000	6000
2016	20000	8000
2017	22000	10000
2018	30000	16000
2019	32000	18000
2020	34000	18000
2021	34000	18000

冰岛老寨

年份	春茶价格 （元／公斤）	秋茶价格 （元／公斤）
2000	8	8
2001	10	8
2002	15	10
2003	15	10
2004	20	15
2005	40	30
2006	300	150
2007	500	200
2008	800	400
2009	1200	600
2010	4000	2000
2011	6000	3000
2012	8000	4000
2013	12000	8000
2014	12000	8000
2015	8000	4000
2016	20000	6000
2017	24000	8000
2018	34000	12000
2019	40000	14000
2020	45000	16000
2021	45000	16000

小户寨

年份	春茶价格 （元／公斤）	秋茶价格 （元／公斤）
2000	8	8
2001	15	10
2002	18	13
2003	25	15
2004	30	20
2005	35	25
2006	60	30
2007	380	160
2008	260	80
2009	300	90
2010	320	160
2011	360	180
2012	380	160
2013	420	180
2014	460	180
2015	600	260
2016	680	260
2017	1200	400
2018	1800	550
2019	2200	650
2020	2200	700
2021	2400	700

正气塘

年份	春茶价格 （元／公斤）	秋茶价格 （元／公斤）
2000	8	8
2001	15	10
2002	18	13
2003	25	15
2004	30	20
2005	35	25
2006	60	30
2007	380	160
2008	260	80
2009	300	90
2010	320	160
2011	360	180
2012	380	160
2013	420	180
2014	500	200
2015	600	260
2016	650	260
2017	1200	300
2018	1400	350
2019	1600	380
2020	1600	380
2021	1600	380

忙肺

年份	春茶价格 （元／公斤）	秋茶价格 （元／公斤）
2000	6	6
2001	8	8
2002	9	8
2003	12	10
2004	18	13
2005	22	18
2006	30	20
2007	60	40
2008	48	30
2009	46	30
2010	50	44
2011	58	48
2012	68	50
2013	98	75
2014	140	90
2015	180	100
2016	360	200
2017	400	200
2018	600	220
2019	700	240
2020	750	240
2021	750	240

那罕

年份	春茶价格 （元／公斤）	秋茶价格 （元／公斤）
2000	8	8
2001	10	8
2002	15	13
2003	40	30
2004	50	40
2005	50	40
2006	60	50
2007	260	100
2008	120	80
2009	280	90
2010	360	120
2011	400	150
2012	500	160
2013	550	180
2014	600	200
2015	600	220
2016	650	240
2017	650	260
2018	700	280
2019	800	300
2020	800	300
2021	800	300

普洱帝国——云南普洱24寨

昔归忙麓山

年份	春茶价格（元/公斤）	秋茶价格（元/公斤）
2000	6	6
2001	10	8
2002	15	13
2003	40	30
2004	50	40
2005	50	40
2006	60	50
2007	400	160
2008	180	130
2009	500	160
2010	1200	400
2011	1600	500
2012	1800	600
2013	2400	850
2014	3200	900
2015	2800	850
2016	3000	1300
2017	4600	1500
2018	5500	2000
2019	6500	2400
2020	7000	2600
2021	7000	2600

茶枝

年份	春茶价格（元/公斤）	秋茶价格（元/公斤）
2000	8	8
2001	8	8
2002	10	10
2003	15	15
2004	30	20
2005	100	80
2006	360	160
2007	500	200
2008	400	250
2009	500	300
2010	500	300
2011	600	350
2012	600	300
2013	700	400
2014	800	450
2015	700	450
2016	900	400
2017	1000	500
2018	1500	700
2019	1800	850
2020	2000	1000
2021	2000	1000

革登值蚌

年份	春茶价格（元/公斤）	秋茶价格（元/公斤）
2000	8	8
2001	8	8
2002	10	10
2003	15	15
2004	30	20
2005	80	60
2006	360	160
2007	800	130
2008	600	120
2009	700	130
2010	720	130
2011	720	130
2012	760	130
2013	860	135
2014	1200	300
2015	1000	300
2016	1500	700
2017	1800	1500
2018	2200	1000
2019	3000	1200
2020	3200	1200
2021	3200	1200

倚邦曼松

年份	春茶价格（元/公斤）	秋茶价格（元/公斤）
2000	8	8
2001	8	8
2002	10	10
2003	15	15
2004	30	20
2005	100	80
2006	1600	700
2007	1700	800
2008	1500	600
2009	5500	2800
2010	5800	3000
2011	6000	3000
2012	6100	3100
2013	11 000	5000
2014	11 500	6000
2015	12 000	6500
2016	18 000	8000
2017	20 000	8500
2018	30 000	12000
2019	40 000	20000
2020	45 000	20000
2021	45 000	20000

景迈

年份	春茶价格（元/公斤）	秋茶价格（元/公斤）
2000	10	10
2001	15	15
2002	30	15
2003	60	26
2004	80	54
2005	100	70
2006	230	80
2007	640	200
2008	220	80
2009	220	80
2010	540	130
2011	640	170
2012	680	260
2013	760	370
2014	860	230
2015	760	320
2016	840	320
2017	1000	420
2018	1300	450
2019	1500	450
2020	1600	450
2021	1600	450

南糯

年份	春茶价格（元/公斤）	秋茶价格（元/公斤）
2000	6	6
2001	8	8
2002	10	8
2003	17	10
2004	60	45
2005	80	60
2006	200	120
2007	600	150
2008	300	100
2009	350	180
2010	400	280
2011	480	350
2012	530	380
2013	650	450
2014	700	500
2015	800	550
2016	1000	600
2017	1300	800
2018	1600	750
2019	1600	850
2020	1600	850
2021	1600	850

那卡

年份	春茶价格（元/公斤）	秋茶价格（元/公斤）
2000	6	6
2001	6	6
2002	8	6
2003	30	20
2004	170	80
2005	210	150
2006	260	100
2007	180	140
2008	350	250
2009	400	120
2010	400	100
2011	450	120
2012	650	200
2013	650	200
2014	450	180
2015	740	350
2016	1200	700
2017	1300	800
2018	2000	900
2019	2400	1000
2020	2600	1200
2021	2800	1300

困鹿山

年份	春茶价格（元/公斤）	秋茶价格（元/公斤）
2000	6	6
2001	8	8
2002	10	7
2003	80	30
2004	200	80
2005	400	200
2006	600	320
2007	800	400
2008	1000	450
2009	1200	600
2010	1500	650
2011	2000	800
2012	2200	800
2013	2800	1200
2014	5000	2000
2015	6000	3000
2016	10 000	4000
2017	14 000	6000
2018	22 000	6000
2019	30 000	7000
2020	36 000	7500
2021	36 000	7500

邦崴

年份	春茶价格（元/公斤）	秋茶价格（元/公斤）
2000	5	5
2001	5	5
2002	8	5
2003	10	8
2004	15	10
2005	30	20
2006	60	40
2007	150	60
2008	150	60
2009	160	60
2010	180	70
2011	200	80
2012	300	100
2013	300	100
2014	450	180
2015	600	200
2016	700	240
2017	800	300
2018	900	350
2019	900	350
2020	900	350
2021	900	350

贺开

年份	春茶价格（元/公斤）	秋茶价格（元/公斤）
2000	10	8
2001	12	8
2002	20	10
2003	30	15
2004	40	20
2005	80	40
2006	100	50
2007	280	100
2008	60	25
2009	150	60
2010	160	80
2011	180	100
2012	240	100
2013	400	200
2014	750	400
2015	800	400
2016	900	450
2017	1400	500
2018	1800	500
2019	2000	600
2020	2200	600
2021	2200	600

巴达章朗

年份	春茶价格（元/公斤）	秋茶价格（元/公斤）
2000	5	5
2001	5	5
2002	5	5
2003	8	6
2004	8	6
2005	10	8
2006	30	10
2007	150	70
2008	300	90
2009	300	60
2010	200	80
2011	200	70
2012	380	80
2013	400	100
2014	500	150
2015	600	120
2016	800	300
2017	1200	500
2018	1400	500
2019	1600	550
2020	1600	550
2021	1600	550

帕沙

年份	春茶价格（元/公斤）	秋茶价格（元/公斤）
2000	6	6
2001	8	8
2002	14	10
2003	20	10
2004	20	10
2005	30	16
2006	50	23
2007	180	85
2008	20	10
2009	30	15
2010	60	30
2011	200	85
2012	300	140
2013	500	250
2014	800	390
2015	900	400
2016	1200	550
2017	1500	600
2018	1600	600
2019	2000	650
2020	2000	650
2021	2000	650

云南普洱24寨的二十二年价格表

【壹】 布朗山区

永德县

布朗山位于西双版纳勐海县境内，在县城东南部，靠近中缅边境，是著名的普洱茶产区，也是古茶园保留得最多的地区之一。布朗山方圆1000多平方公里，包括班章、老曼峨、曼新龙等村寨，其中最古老的寨子老曼峨已有1400年历史。布朗山是全国唯一的布朗族乡，布朗族是百濮的后裔，他们世世代代生活在布朗山，是世界上最早栽培、制作和饮用茶叶的民族。

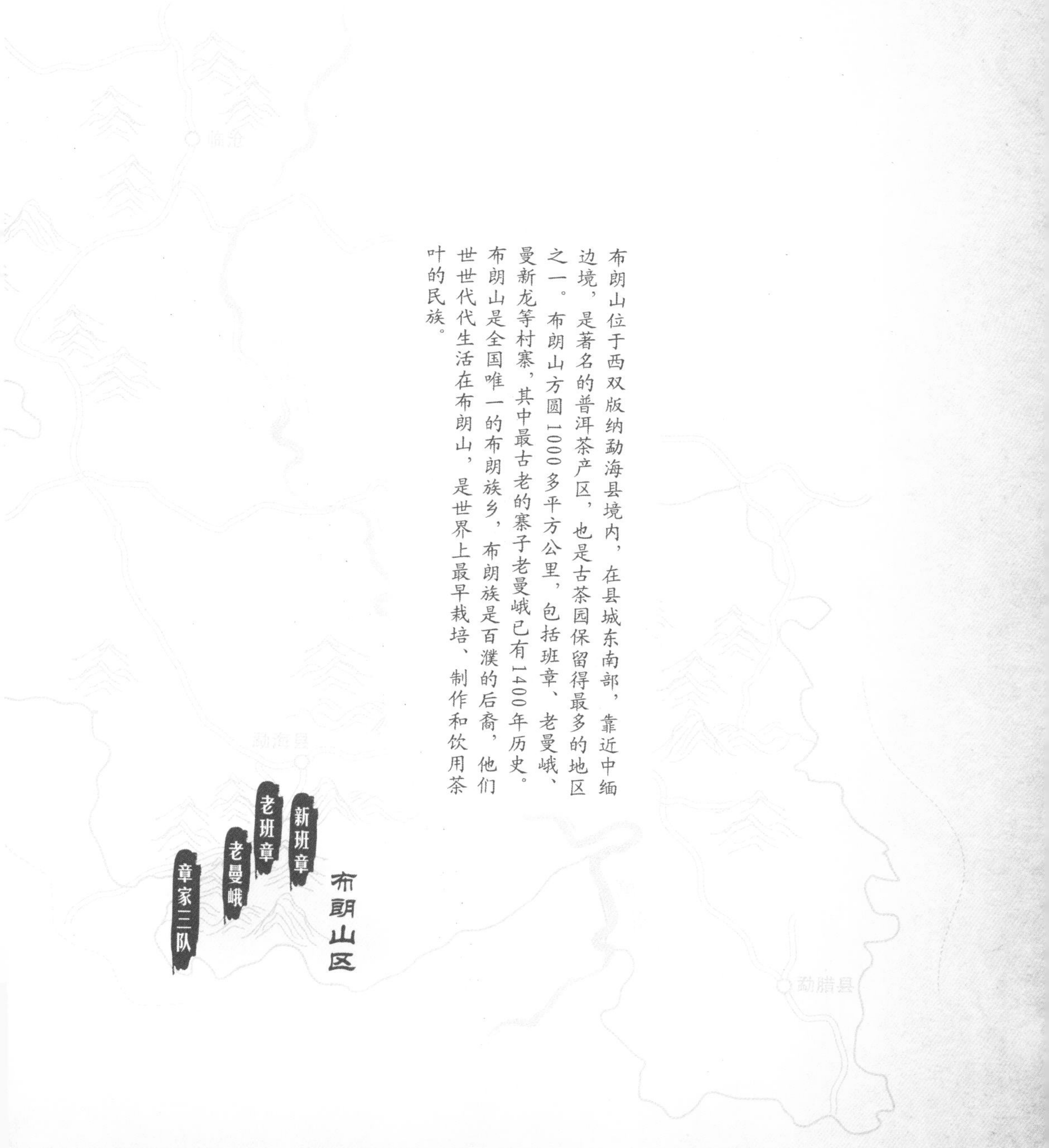

布朗山区

新班章

老班章

老曼峨

章家三队

勐海县

勐腊县

第一寨 『翻看』老班章

即便再年轻的茶客，讲起老班章来，也能讲得兴致勃勃；再微小的店铺，也总有一泡老班章。

老班章的一程山路

"寻茶孤狐"先生，是一个常年行走在云南各山头的茶人，他曾说：即便再年轻的茶客，讲起老班章来，也能讲得兴致勃勃；再微小的店铺，也总有一泡老班章。是啊，无论是否真正踏足老班章，那拥挤在百度、微信等网络平台中成千上万的"老班章"记录，就像市面上印有"老班章"字样的茶饼一样，扑面而来、应有尽有。

动笔之前，笔者特意上网搜索了"老班章"。有歌咏老班章江湖地位的；有赞叹老班章茶质品味的；有担忧老班章前途的；还有抱怨老班章脱离价值的。林林总总，纷繁芜杂。

笔者关注老班章多年，只为一颗初心——透过表面的浮华，寻找出一些客观数据，还原给大家一个真实的老班章。

老班章旧寨门

老班章2017年新寨门

那么，这个神秘的老班章，究竟在哪儿呢？

老班章是西双版纳勐海县东南部的一个小寨子，属布朗山乡管辖，距离乡政府约35公里，距勐海县城约60公里，距景洪市约100公里。自分界处，有两条道路可通往外面，一条是往新班章方向，经布朗山乡政府到勐混，行程约80公里；另一条途经广别老寨、广别新寨到勐海，行程约30公里。

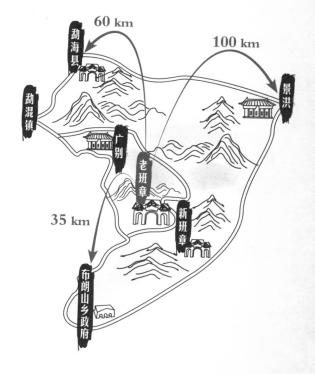

接下来，我们就翻一翻老班章的家底，看一看在过去那些年头儿，老班章是怎么一步步走过来的。

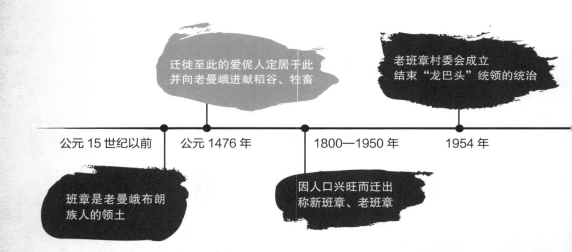

迁徙至此的爱伲人定居于此并向老曼峨进献稻谷、牲畜

老班章村委会成立结束"龙巴头"统领的统治

公元 15 世纪以前　　公元 1476 年　　1800—1950 年　　1954 年

班章是老曼峨布朗族人的领土

因人口兴旺而迁出称新班章、老班章

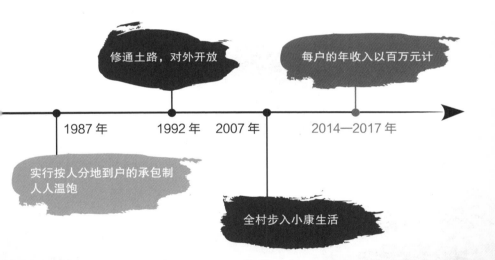

修通土路，对外开放

每户的年收入以百万元计

1987 年   1992 年   2007 年   2014—2017 年

实行按人分地到户的承包制
人人温饱

全村步入小康生活

第二部分
老班章价格几何

所谓一方水土养育一方人，老班章的崛起使得爱伲人年入百万，一个小小的村寨用十几年的时间脱贫致富，远超小康。这最大的功臣"老班章"究竟在这十几年中经历了什么？

我们来摆一摆老班章古树茶自2000年至2021年这22年的收购价格，就一目了然了。

年份	春茶价格 （元/公斤）	秋茶价格 （元/公斤）
2000	6	6
2001	8	8
2002	100	30
2003	120	40
2004	140	50
2005	300	100
2006	500	200
2007	1200	500
2008	600	200
2009	800	300
2010	1200	500
2011	2600	1200
2012	3000	1700
2013	3500	2800
2014	8000	3000
2015	7000	2000
2016	7000	2000
2017	8000	2000
2018	9000	2500
2019	10000	3000
2020	11000	3500
2021	12000	3500

（特别声明：此价格只作参考）

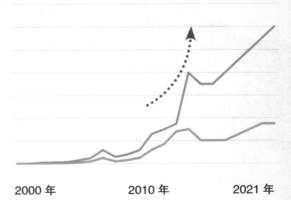

12000 元/公斤

2000年　　　　2010年　　　2021年

数据显示，自2010年后，老班章茶的价格一路走高。老班章茶的市场认可度及美誉度也不断提升，甚至老班章的价格已成为整个布朗山茶区的晴雨表和参照物，尤其是近几年，老班章不开价，其他寨子也都不开价。

　　老班章为什么如此迅速地在山头众多的普洱茶中脱颖而出并占据"茶王"地位，经久不衰？也许从它入口的味道里，能找到答案。

第三部分
老班章是否衬得起"茶王"

近年来，只要一提及"老班章"，必然会赋予它"霸气""茶气足""茶王"等美誉，老班章俨然已成为普洱界公认的"高富帅"！到底有没有科学权威的数据来证明老班章茶的品质呢？

我们国家对于茶叶的评定，分为审评和检验。审评是对茶叶品质优劣的感官评定方法；检验是借助仪器设备等对茶叶内含物进行理化指标的分析、判断。

从感官上来看，老班章干茶色泽油润，条索粗大，芽头壮实、显毫；茶汤黄绿明亮；香气高扬，有独特的花蜜香，有人称作班章香，杯底留香持久；滋味浓醇，饱满而协调，回甘快，气韵强劲，耐冲泡；叶底黄绿明亮，叶质厚实、柔软，多椭圆形，也有细长形。总体感觉是茶气足，苦涩化得快，生津强，回甘持久。

《茶叶密码》一书中介绍茶叶里化学成分有900多种，决定茶叶色香味的有七大类物质。这些物质的比例最终决定了茶叶的色、香、味。

《茶叶密码》

是否可以这样设想：老班章茶如此受追捧，它有没有独特的内含物？它的理化指标和其他寨子的茶有多大区别？所以，笔者送检了四大产区的古树茶，并做了化学分析检测对照表，如下表。

检测茶样	水浸出物（%）	酯型儿茶素（%）	游离氨基酸（%）	可溶性糖（%）
景迈大寨古树茶	45.80	5.88	5.04	4.09
南糯山半坡老寨古树茶	49.73	5.77	4.07	4.28
易武麻黑古树茶	48.19	5.4	4.64	4.45
老班章古树茶	49.55	4.91	5.62	4.33

（茶样检测数据由茶树生物学与资源利用国家重点实验室提供）

数据中第一项就是水浸出物含量，我们都知道云南普洱茶的滋味相对浓厚，主要原因就在这一项。在普洱茶国家标准《地理标志产品 普洱茶》（GB/T 22111–2008）中规定，晒青茶和普洱生茶的水浸出物含量必须在 35% 或以上，如果达不到这一指标，就不能算是普洱茶。

这四种古树茶水浸出物含量都高于 45%，其中老班章古树茶49.55%，南糯山半坡老寨古树茶 49.73%，这两款茶的滋味更加厚重，层次感也更强，也更耐泡。

　　另外，酯型儿茶素的含量决定了茶叶的涩味，它的含量越高，口感越涩。老班章古树茶的酯型儿茶素含量是 4.91%，是这四款茶中最低的。所以我们在品饮老班章古树茶时会觉得化得快，为什么化得快呢？因为在品饮时，酯型儿茶素会和口腔中的蛋白质结合成一层膜，酯型儿茶素越多，膜就越厚，反之就越薄，越薄的膜就越容易破掉，越厚呢，当然就越不容易破了。隔着这层膜除了涩、木感，我们什么都感觉不出来，就像隔着层塑料膜一样。只有膜破裂了，我们才能恢复味蕾的感觉，才能感觉出茶汤中的甜，而这种迟来的甜，我们称为回甘。

清鲜爽口的味道，往往令我们心清气爽，心旷神怡。这种感觉越明显，那这种普洱茶的品质就越高。那么是谁决定了这种清爽的味道呢？经研究发现是游离氨基酸决定了茶叶的鲜爽味。四种古树茶中，老班章的游离氨基酸含量是 5.62%，远超另外三款（5.04%、4.07%、4.64%）。

我们在品饮时，有的茶汤会有明显的甜感和黏稠度，可以说，"甜"是世界上最幸福的味道了。甜感越明显，茶的品质相对越高。那么什么物质决定着甜感呢？这种物质就是可溶性糖，在上面的数据里，我们看到易武麻黑古树茶和老班章古树茶的可溶性糖高于另外两类。

当然了，一款好喝的普洱茶是由七大类物质含量的合理比例决定的，也不能全依赖某单一物质。品饮普洱生茶时，通常以口腔的饱满度、均衡度和回甘强烈度来判别普洱茶滋味的优劣。

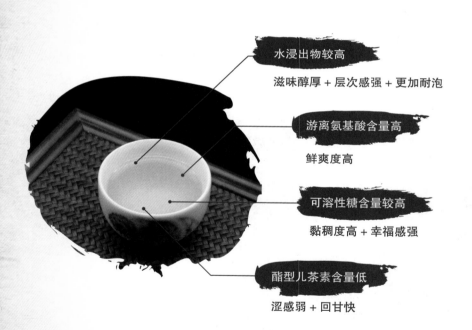

水浸出物较高

滋味醇厚 + 层次感强 + 更加耐泡

游离氨基酸含量高

鲜爽度高

可溶性糖含量较高

黏稠度高 + 幸福感强

酯型儿茶素含量低

涩感弱 + 回甘快

第四部分

随处可见的老班章是否都是真的？

老班章每年究竟能有多大的产量？市面上的老班章是否都是真实的？这里笔者不作评论，只摆数据，大家估算即可。

项目	2014 年 老班章村委会	2014 年 布朗山乡政府 农业综合服务中心		网上的 非官方数字	
茶地	6500 亩	7800 亩	古树 大树 4700 亩	共 78 555 棵： 树龄 >800 500 ~ 800 200 ~ 500 100 ~ 200	941 棵 27664 棵 33810 棵 7669 棵
			小树 3100 亩		
年产毛茶	65 吨	117 吨	古树 大树 47 吨	古树茶 40 吨 小树茶 8 吨 春茶 10 余吨	
			小树 70 吨		

客观地说，老班章茶的产量，第一是由茶树决定的，茶树的多少、茶树的长势都影响着产量；第二跟天气有关，每年的雨水多少、冷暖情况直接影响产量；第三跟市场和茶农的保护意识有关。

老班章茶产量的决定因素

茶树决定　　＋　　天气有关　　＋　　市场和茶农的保护意识

茶树多＋长势好　　雨水适宜＋冷暖适中　　保护生态环境＋保护茶树＋避免过度采摘

第五部分
"茶王"现状

近几年，由于利益的驱动，老班章面临着过度采摘的危险。"老班章茶大不如前啦"，这句话听无数的茶友讲过；拼配、小树冒充古树、非老班章茶进村、假冒品牌等现象，正逐步稀释着老班章茶的市场份额；价格炒作、树龄炒作、单株炒作等手段，也扰乱着老班章的交易市场。

笔者整理了老班章茶地土壤检测的理化指标：

	pH	全氮（g/kg）	碱解氮（mg/kg）	速效磷（mg/kg）	交换性镁（mg/kg）	有机质（g/kg）	速效钾（mg/kg）
老班章	4.41	2.83	184.46	2.38	29.38	28.21	20.65
参考值	4.5 ~ 5.5	>0.75	>60	>5	30 ~ 60	>10	>50

（土样检测数据由茶树生物学与资源利用国家重点实验室提供）

数据表明，该地土壤全氮、碱解氮和有机质含量较高，比较有利于茶叶良好品质的形成。但速效钾含量较低，在24寨中仅高于小户赛的 19.04 mg/kg。速效钾是茶树生长的重要营养元素，土壤钾含量与茶叶产量呈正相关关系。

茶界里只认一个理儿，"好喝才是硬道理"。由衷地希望老班章古茶树枝繁叶茂，老班章村民幸福安康，天下茶人能享受到一杯好茶。

　　留给你们牛马，怕遇病而亡；留给你们金银财宝，怕你们花光；就留给你们这些茶树，才会让子孙后代取不尽用不完。

——布朗族先民经典语录

第二寨　其实我不『新』——新班章

在老班章的光环之下，独领风骚的新班章，实际比老班章还要老上几年。

第一部分

被"误解"的新班章

　　布朗山六大古茶园中的新班章，因为一个新字，一直被认为是老班章迁出而成的新寨子，这也多少影响着新班章的茶叶价格，价格总是提不上来。随着班章茶的大热，更多人开始深入地挖掘班章的历史，新班章的村民们也开始热衷于向外来人讲述新老班章的变迁轨迹。

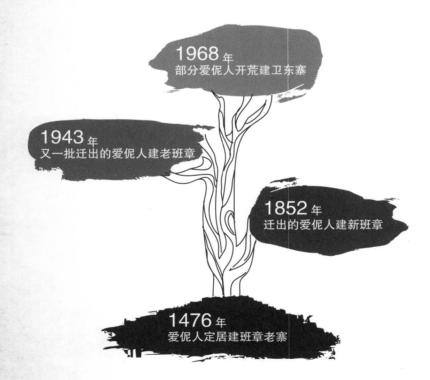

1968 年
部分爱伲人开荒建卫东寨

1943 年
又一批迁出的爱伲人建老班章

1852 年
迁出的爱伲人建新班章

1476 年
爱伲人定居建班章老寨

2014 年 1 月，班章村委会前的篮球场上立起了一块红褐色的大理石碑，上书《新班章村纪略》，交代了新班章的历史起源和班章人的迁徙史。

"班章"系傣语地名，翻译成汉语即为"桂花树窝棚村"之意。石碑之上，专家将班章的建寨年份确定为 1476 年。这里最早的居民是布朗族，布朗先民"古濮人"在这里种植茶树的历史已有千年，而今居住在班章的是爱伲人。

假作真时真亦假，新为老时老却新

从历史的变迁来看，新班章虽然名字中有个"新"字，但历史要比现在的老班章更老。从 1852 年建寨至今，新班章已经 166 岁高龄；而老班章 1943 年才正式建寨，整整比新班章晚了 91 年。换句话说，新班章的"新"，不是针对于老班章，而是针对于老班章和新班章村民以前的居住地——班章老寨而言。

以前班章有个老寨，后来因为迁移分出老班章、新班章及卫东三个寨子，行政中心在新班章。

"寻茶孤狐"先生对于爱伲人的迁徙史颇有研究，据"寻茶孤狐"介绍：爱伲人迁居班章的历史可以追溯到 1852 年，原先居住于格朗和帕沙以及南糯山的爱伲人祖先，为了躲避战乱和自然灾害，先后经历了"过铺存""麻丫铺存"等 13 次搬迁，"铺存"在汉语里就是"老寨"的意思。最后爱伲人部分居住在"古祥铺存"即班章老寨，还有部分人将落脚点选择在了"职年铺存"也就是现在的新班章。

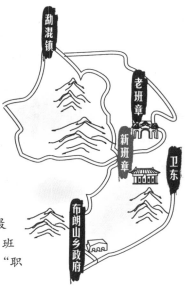

1943 年，爱伲人开始了又一次的搬迁，部分人迁移到了"座班铺存"即现在的老班章。到了 1968 年，爱伲人最后一次迁徙，"古祥铺存"的爱伲人全部迁出，部分人到了新班章，少数去了老班章，同时部分老班章的村民由于田地问题迁移到了新班章，此后新班章的住户和人口才基本确定下来。

后来从"古祥铺存"出来的部分人在老班章周边开荒，再加上由于老班章田地不够而从其中迁出来的一批人一起加入了开荒的队伍，这些开荒的爱伲人组建了一个新的寨子——勐囡寨，后改名为卫东寨。

班章老寨 ≠ 老班章

公元 1476 年，爱伲人从临近的格朗和帕沙以及南糯山迁徙至此。慷慨的老曼峨布朗族先人，将班章村周边的山林、田坝，以及漫山遍野的大树茶，让给了爱伲人，这片土地就是班章老寨。

1943 年，部分爱伲人从班章老寨迁移到了"座班铺存"即现在的老班章。

爱伲人在 1968 年全部迁出班章老寨后，班章老寨就不再有村民居住。现在的班章老寨密集分布着古濮人种下的数百棵上千年的古茶树，造福着爱伲人的子孙后代。

第二部分

拜访古茶园

　　新班章与老班章属同源，相距约 7 公里。新班章也叫上班章，开车从西双版纳勐海县城出发，往南约 60 公里就到了新班章。

　　新班章一带阳光充足，雨量充沛，平均海拔约 1600 米，年平均降雨量 1374 毫米，年平均气温 18~21 ℃，全年基本无霜或有霜期很短，较适宜种植茶等经济作物。新班章夏秋季受来自孟加拉湾的暖气流控制，冬春季受来自印度半岛的干暖西风气流控制，加之北部有哀牢山和无量山作为屏障，形成了"冬无严寒，夏无酷暑，四季如春"的气候特点。笔者最近一次拜访的时候是冬季，比起北方的冷，新班章的冬天就暖和了许多。

新班章的气候优势

茶山海拔	约 1600 米
年平均气温	18 ~ 21 ℃
年降水量	1374 毫米

冬无严寒，夏无酷暑，四季如春

新班章全寨现有农户 80 余户，乡村人口近 400 人。据了解，新班章的茶树平均树龄 200 年以上的茶园面积有 3800 余亩。一部分树龄较老的茶树分布在班章老寨，即爱伲人迁徙过程中暂住的"古祥铺存"，现在被称作"古祥铺存茶山"或"班章老寨"。因为班章老寨的爱伲人居民，在 1968 年大多搬迁到了新班章，所以可以说，今天班章老寨的大部分茶树都属于新班章，这部分古茶树的平均树龄甚至超过了老班章，这也是新班章村民常常引以为豪的事。

经过多次拜访，我们发现新班章古茶树矮化的较多，密林深处也有未经矮化的茶树，直径可达 40 公分，高达四五米，茶农采摘鲜叶时需用竹梯或木桩搭靠才可以。新班章古茶树枝叶茂密，叶片光滑，芽尖厚亮。茶叶生态好，树龄老，茶质较重、茶性强，茶气饱满强劲，有独特的香气。

第三部分

新班章22年的茶叶价格

对新班章茶园一探究竟之后,笔者进行走访,总结了自2000年起,新班章茶叶的收购价格,见下表。

年份	春茶价格 （元/公斤）	秋茶价格 （元/公斤）
2000	6	6
2001	8	8
2002	50	30
2003	80	40
2004	80	50
2005	220	100
2006	400	200
2007	800	400
2008	300	200
2009	500	300
2010	1000	400
2011	2000	1000
2012	2000	1000
2013	2500	1500
2014	3000	1800
2015	2000	1000
2016	2800	1000
2017	4000	1800
2018	5000	1900
2019	5500	2100
2020	6000	2200
2021	6000	2200

（特别声明：此价格只做参考）

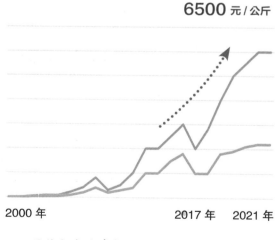

6500 元/公斤

2000年　　　　　　　2017年　　2021年

虽然与老班章相距仅7公里,同宗同源,但是新班章的茶叶价格比起老班章来,相差巨大,只有老班章茶的一半。

第四部分
遮不住的美，少不了的忧

　　也许，一个"新"字区别了老班章，影响着新班章，却无法遮住古茶树的滋味和那份时光沉淀下来的美。笔者经过多个茶样的对比，得出了新班章古树茶的茶评：干茶色泽墨绿，条索粗壮、显毫；茶汤清澈明亮，香气高扬，有花蜜香，或兰香；茶汤滋味饱满，分布均匀，生津快，回甘长，入口即能明显感觉到茶汤的强度。新班章古树茶的总体感觉是花香明显，茶气足，苦涩化得快，生津强，回甘持久。

通过数据我们来分析一下新班章头春古树茶的品质特征。

检测茶样	含水率（%）	水浸出物（%）	咖啡碱（%）	酯型儿茶素（%）	游离氨基酸（%）
新班章头春古树茶	9.58	48.42	3.75	5.75	5.31

（茶样检测数据由茶树生物学与资源利用国家重点实验室提供）

根据内含物的含量，我们能读懂些什么呢？

检测内容	检测数值	参考平均值	释义
含水率（%）	9.58	≤ 10	合格
水浸出物（%）	48.42	中等	醇厚
咖啡碱（%）	3.75	明显高	苦感明显
酯型儿茶素（%）	5.75	非常高	涩感非常明显
游离氨基酸（%）	5.31	非常高	鲜爽非常明显

我们来看新班章头春古树茶，48.42% 的水浸出物，在普洱茶中滋味算是醇厚。3.75% 的咖啡碱含量，明显高，这个含量是有苦底的。5.75% 的酯型儿茶素含量，算是非常高了，这样高的酯型儿茶素含量，即使茶汤再浓厚，也会有涩感。5.31% 的游离氨基酸含量，在古树茶中也算是少见的，这个含量会大大降低茶汤的苦涩感。48.42% 的水浸出物，3.75% 的咖啡碱含量，5.75% 的酯型儿茶素含量，加上 5.31% 的游离氨基酸含量，使得茶汤鲜爽醇厚，茶气十足。

　　从区域位置来看，新班章正好处在老班章与老曼峨之间，新班章茶既没有老曼峨那么苦，也没有老班章那么霸道，是一种复合型的口感。有一定的苦，也伴随有一定的涩感，入口苦涩化得快，伴随着回甘的甜香，各种感觉相互交融，是一款恰到好处的茶。

其实，不管是老班章还是新班章，它们的口感滋味都可称上品。于茶而言，都是好茶。于人而言，却也有些担忧，当地土壤有酸化的趋势，不妨先看看新班章茶地土壤检测的理化指标：

	pH	全氮 （g/kg）	碱解氮 （mg/kg）	速效磷 （mg/kg）	交换性镁 （mg/kg）	有机质 （g/kg）	速效钾 （mg/kg）
新班章	4.09	4.46	353.81	2.22	10.66	43.64	44.17
参考值	4.5～5.5	>0.75	>60	>5	30～60	>10	>50

（土样检测数据由茶树生物学与资源利用国家重点实验室提供）

本书24寨中，有两个寨子的土壤酸性较强，一个是邦崴，另一个就是新班章。茶树是喜弱酸性植物，如果土壤pH值过低，则直接影响当地茶叶的产量和质量。从检测数据中可以看出，当地土壤中，全氮、碱解氮和有机质含量均比较高，是24寨中最高的，比较有利于茶树的生长和良好茶叶品质的形成。

　　茶人都知普洱茶有苦有涩，苦涩在一定程度上增加了普洱茶品鉴的层次感和厚重感。其实有苦有涩不见得是好茶，化得快的才是真正的上品。

第三寨　布朗山最古老的寨子——老曼峨

喝过老曼峨茶的人，对于老曼峨茶的味道，评价出奇地一致——『苦』

如果说老班章是现在的茶王，那么老曼峨就是前朝遗孤，还是嫡亲的那种？每个爱喝普洱的茶人心中都有一个老班章。其实，老曼峨的地位并不比老班章低。布朗山深处的老曼峨厚重且有个性。若您来到了布朗山，老曼峨是不得不去的。

第一部分

探究老曼峨秘史

　　老曼峨地处云南省西双版纳州勐海境内布朗山的中心地带，位于布朗山乡东北边，位居偏远的中缅边境的大山之中，距离布朗山乡 6 公里左右，距离新班章 5 公里左右。

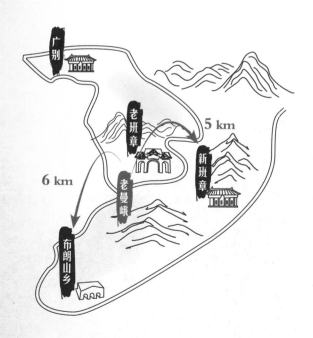

老曼峨是布朗山最大的布朗族村寨，也是布朗族最古老的村寨。

寨子里的石碑上记载，老曼峨建寨的时间恰好就是傣族传统的傣历元年，即公元639年，至今有1380多年的历史，其种茶历史也有900多年。寨中那口汩荡了千年的古井，滋润了多少沧桑岁月，它是布朗山最沉静也是最鲜活的见证。

老曼峨秘史

前两寨的介绍中详细交代了新、老班章的身世之谜。追本溯源，老曼峨是布朗族最古老的村寨，老曼峨村民是古濮人最纯正的后代。爱伲人从古濮人那里接受土地的同时，也继承了其种茶、制茶的技艺。因此可以说，老班章是现在的茶王，老曼峨是茶王的前辈。

真实的老曼峨

茶山海拔	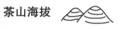	1650 米，略低于老班章
年平均气温		18 ~ 21 ℃，常年高温湿润
年降水量		1374 毫米，非常适宜茶树生长
常住人口		村民 600 多人，均为布朗族，纯正濮人的后代
收入来源		主要靠管理、种植 3000 多亩古茶树为生

第二部分

深入老曼峨

　　晨曦中的布朗山，云蒸霞蔚，仙境一般。这样浓的云雾，算是造物主的一种惠赐。布朗山古树茶，四季三采，唯冬天留给茶树休养生息，这时的云浸雾泽，对茶树营养物质的形成，有着十分重要的意义。

　　"二子"是布朗族，土生土长的老曼峨人，因为其排行老二，加之与笔者多年的交情，便以"二子"相称。据"二子"介绍，布朗山乡有12000余亩古茶园，老茶树分布较广。布朗山老茶树最集中的地方还是在班章村委会下辖的老班章、新班章、老曼峨三个村寨。这三个村寨老茶树数量占全乡老茶树的80%以上。老曼峨的生态非常好，阳光往往要到早上九点以后才能穿透厚厚的云层和浓雾照射下来。

的确，老曼峨植物资源丰富，品类繁多，土壤肥沃，属于酸性土，再加上原始森林覆盖面积大，使得古茶树生长繁茂。先民古濮人遗留下来的古茶园有3200余亩。老曼峨村落四周，主要以栽培型古茶树为主，茶树树龄在100年至500年左右。一棵棵饱经沧桑的古茶树，见证了布朗族先民久远的种茶历史，也形成了西双版纳地区最具考察价值的古茶园、布朗族种茶历史的档案馆。

老曼峨茶地土壤检测的理化指标，见下表：

	pH	全氮 （g/kg）	碱解氮 （mg/kg）	速效磷 （mg/kg）	交换性镁 （mg/kg）	有机质 （g/kg）	速效钾 （mg/kg）
老曼峨	4.89	1.54	120.96	2.69	51.74	11.58	44.67
参考值	4.5 ~ 5.5	>0.75	>60	>5	30 ~ 60	>10	>50

（土样检测数据由茶树生物学与资源利用国家重点实验室提供）

数据表明，该地土壤pH值适中，但全氮、有机质等成分的含量跟勐海茶区其他地方相比明显偏低，应充分发挥本地有机肥资源丰富的优势，广辟肥料来源，采取堆（沤）肥、秸秆覆盖、套种绿肥、增施有机肥等多种措施提高土壤质量，实现当地茶叶生产的优质、高产、高效。

老曼峨遗留下来的古茶树有的高大挺拔、有的虬枝盘旋、有的树皮斑斓、千姿百态。有趣的是同一片古茶园中有苦茶树和甜茶树之分，而这其中的秘密外人无法知道，只有当地经验丰富的茶农才能从古茶树树形上分辨出来。

第三部分
询价老曼峨

　　行走茶山这么久，总喜欢到深山老林中去寻一寻；做茶这么多年，每到一处，也总喜欢去尝一尝、问一问，尝一尝每款茶的个中滋味，问一问每年的茶价。

2000 年到 2021 年老曼峨茶叶价格统计：

年份	春茶价格 （元/公斤）	秋茶价格 （元/公斤）
2000	6	6
2001	8	8
2002	30	20
2003	50	30
2004	60	40
2005	120	60
2006	200	100
2007	600	200
2008	100	60
2009	200	90
2010	300	180
2011	400	240
2012	500	300
2013	600	360
2014	900	500
2015	800	480
2016	1000	600
2017	1500	600
2018	1600	600
2019	2000	650
2020	2200	650
2021	2200	650

（特别声明：此价格只做参考）

2200 元/公斤

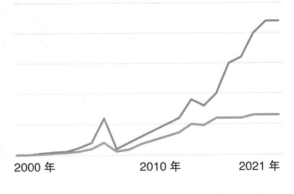

2000 年　　　　2010 年　　　　2021 年

　　听"二子"说，这些年古树茶价格上涨，他们家的收入也增加了很多。对祖祖辈辈生活在这里的乡亲们来讲，茶叶给大家带来的变化太大了——家家户户买新车，住新房，过着幸福的小日子。所以各家各户对于古茶树也都加大了保护力度，不施化肥，不打农药，还不断学习和提升制茶工艺，使得茶叶的品质得到更好的提升。

第四部分
以苦著称的老曼峨

　　"韵味广而深，涩尽七分香，苦退十日甜。"苦尽甘来是好茶的象征，也是人生的期盼。

　　喝过老曼峨茶的人，对于老曼峨茶的味道，评价出奇地一致——"苦"。有诗云："雾锁千树茶，云开万壑葱。香飘十里外，味酽一杯中。"普洱茶中，滋味最为浓酽者，当属布朗山的老曼峨茶，其苦、厚、酽的韵味，代表了普洱茶的一个极致。老曼峨古树茶叶质肥壮，却奇苦无比，但神奇的是如此苦味却可以转化成绵延不断的甘甜，这也是很多茶人痴迷老曼峨茶的一个原因。

　　经过多茶样的审评对比，笔者给出老曼峨古树茶的茶评：干茶条索肥壮厚实、显毫；香气高扬；汤色剔透明亮；滋味浓烈，耐冲泡，入口苦味重一些，但化得相对较快，回甘较好。久放之后滋味更加醇厚，所以很多人愿意收藏老曼峨。老曼峨古树茶的总体感觉是茶气足，苦底重。

尽管老曼峨茶以"苦"著称，却也获得了"韵味广而深，涩尽七分香，苦退十日甜"的评价。老曼峨虽苦少涩，当香里的苦，慢慢消尽，特有的清凉生津的甜会源源不断地袭来，苦甘缠绵无尽。

根据老曼峨头春古树茶茶样内含物的含量检测，我们能从数据里得出怎样的品质特点呢？

检测内容	检测数值	参考平均值	释义
含水率（%）	9.07	≤ 10	合格
水浸出物（%）	50.72	中等较高	醇厚度较明显
咖啡碱（%）	2.92	偏低	苦感偏低
酯型儿茶素（%）	5.84	非常高	涩感非常明显
游离氨基酸（%）	4.78	中等较低	鲜爽度较低

（茶样检测数据由茶树生物学与资源利用国家重点实验室提供）

通过数据分析，我们可以知道老曼峨茶的苦底很重，很多人认为这是因为咖啡碱含量高，但通过数据来看，2.92%的咖啡碱含量，算是偏低的了，那老曼峨茶的重口味和苦底来自哪里呢？5.84%的酯型儿茶素含量，是非常高的，配以4.78%的游离氨基酸，50.72%的水浸出物，使得茶汤浓度较高。综合分析来看，茶汤的滋味并非由某一种物质含量的高低决定，还是要结合多种物质的合理搭配，才能使得茶汤饱满度、平衡度达到理想状态。

对于苦，不同的人生经历有着不同的理解，但有一点是相同的，苦尽甘来是好茶的象征，也是人生的期盼。

　　老曼峨，经历千年的风雨，时至今日，那里群山环抱，四周原始森林里，古老的茶树茂密地生长，清澈的南阿河从村寨前缓缓流过，最高处依山而建的古老佛塔在阳光的照耀下显得分外金碧辉煌。这一切，如此美好！祝福这片土地和这土地上的每一个生命！

第四寨　没有古茶树的地方——章家三队

章家三队是勐海茶区茶叶发芽最早的寨子，也是将茶最早卖光的寨子。

　　云南不缺好茶，各个寨子都以拥有更多的古茶园而欣喜。每到茶季，茶山的村寨就像过年似的，开始忙碌起来。尤其是每年的春茶时节，茶商、茶客们如同候鸟一样奔向古茶园。然而，云南绵亘浩渺的布朗山中有这样一个寨子，它没有古茶树，更谈不上古茶园，有的只是成片成片的台地茶，但它仿佛有着神奇的魔力，每年都能招来众多的茶商、茶客，将茶叶抢购一空。它就是"章家三队"。

第一部分

山顶上的章家三队

起初，很多人以为"章家三队"的人，都姓"章"。其实，"章家"系傣语地名，"章"即会，"家"即阳台。"章家"意为"会造阳台"。寨内居民，从前曾为本地统治者服劳役，专造阳台，故名"章家"。

从"会造阳台"，就可看出章家三队的历史不会太早。不出所料：章家三队，是几十年前从布朗山章家老寨分出的寨子。它地处布朗山乡边界的热带丛林之中，南邻缅甸，最近的寨子是章家老寨，两寨之间有22公里的路程。从章家老寨前往章家三队，从很远的地方就能看到寨子中的庙宇，金碧辉煌的，很是显眼。

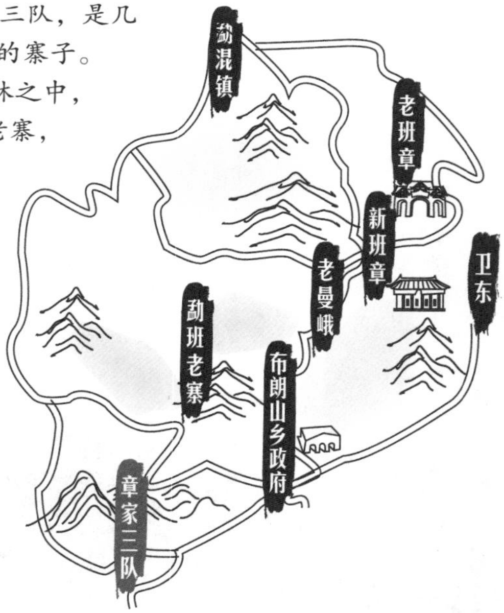

勐混镇

老班章

新班章

卫东

老曼峨

勐班老寨

布朗山乡政府

章家三队

　　章家三队的地势恰恰和地势低缓的章家老寨相反，寨子建在海拔1100多米的山顶上，就地理位置来说，章家三队无疑是一览众山小，所以其茶属于典型的高山云雾茶。章家三队土地面积9.85平方公里，年平均气温18～21℃，年降水量1374毫米，适宜种植水稻、茶叶等作物。

　　章家三队自然村隶属于布朗山乡章家村委会，距离布朗山乡政府18公里。这里世代居住着澜沧江流域的古濮人的后裔——布朗族。全寨共有130户，约700口人，茶叶收入为村民的主要经济来源，再种植些香冬瓜、红辣椒之类的农作物补贴家用。

你了解"章家三队"吗?

土地面积		9.85 平方公里
茶山海拔		1100 多米
年平均气温		18 ~ 21℃
年降水量		1374 毫米,适宜种植水稻、茶叶等作物
常住人口		共有 130 户,约 700 口人
收入来源		以茶叶收入为主, 香冬瓜、红辣椒之类的农作物为辅

第二部分

绿色的海洋

　　章家三队盛产台地茶，茶园面积说法不一。网上资料显示是3000亩，据章家三队的村长介绍，由于这几年茶叶价格不错，茶园面积在不断扩大，目前可达5000亩左右。可想而知，每年这里的茶叶产量有多可观。

　　章家三队茶属于高山生态茶园模式，就是以许多人都不愿提及的台地茶为主，还有一些40年左右茶龄的小树茶。虽然不是古树茶，但属于高山茶，而且春茶发芽早。从每年的11月雨季结束开始，到来年3月，温暖而潮湿的亚热带季风经过缅甸吹向布朗山茶区，遇到布朗山的"屏障"，化作雨水降落下来，滋润茶山、催发茶树，使得这里的茶树在布朗山总是最早萌发的。

　　站在章家三队茶园，放眼望去，全是绿油油的一片。茶树整整齐齐地排列，高高低低，风一吹过，就像绿色的海洋。这种平整度是由章家三队独特的重度修剪模式形成的。

我们聊起台地茶和古树茶的品质特点，村长感慨颇深。他说，其实章家三队的茶叶刚开始并不好做，许多人一听到是台地茶，便不再询问，甚至退避三舍。其实云南虽有着丰富的古茶树资源，但是终究还是少，大部分还是台地茶。

是啊，其实无论树龄多大，只要茶好喝，那就一定会有懂它的人。章家三队的茶叶经过这么多年的细心栽培，终于还是茶香满天下了。业内公认，布朗山章家三队栽培的台地茶香气突出、茶质厚重、滋味饱满，后期陈化空间也不错，胜过一些地方的古树茶都不少。

当然章家三队的台地茶之所以茶质出众，同样也与生态环境分不开。勐海布朗山，终年云雾缭绕，章家三队寨所在的茶山也不例外，到了中午，海拔1100米的山脊上，一片片茶园苍翠叠伏。茶园里是肥沃的酸性土壤，非常适合茶树的生长。

我们对章家三队茶地土壤进行了分析、检测，来研究它的生长环境。

	pH	全氮 （g/kg）	碱解氮 （mg/kg）	速效磷 （mg/kg）	交换性镁 （mg/kg）	有机质 （g/kg）	速效钾 （mg/kg）
章家三队	4.5	3.27	199.58	3.16	35.88	31.76	44.62
参考值	4.5 ~ 5.5	>0.75	>60	>5	30 ~ 60	>10	>50

（土样检测数据由茶树生物学与资源利用国家重点实验室提供）

数据表明，该区土壤的全氮含量、碱解氮含量和有机质含量较高，比较有利于茶树的生长和茶叶优良品质的形成。其中全氮含量和碱解氮含量分别为 3.27 g/kg、199.58 g/kg，仅低于 24 寨中的新班章和景迈，有机质含量为 31.76 g/kg，仅低于新班章的 43.64 g/kg。

第三部分
上涨的茶价

据寨子里的陈大哥讲，2019 年章家三队的春茶大约在 500 元每公斤，2021 年茶叶质量有所提高，但价格与 2019 年持平，为每公斤 500 元左右。

年份	春茶价格 （元/公斤）	秋茶价格 （元/公斤）
2000	8	8
2001	10	10
2002	10	10
2003	20	15
2004	30	15
2005	30	18
2006	30	20
2007	160	40
2008	70	30
2009	74	30
2010	90	45
2011	120	70
2012	160	80
2013	200	120
2014	280	140
2015	230	110
2016	260	130
2017	260	130
2018	300	130
2019	500	130
2020	500	130
2021	500	130

（特别声明：此价格只做参考）

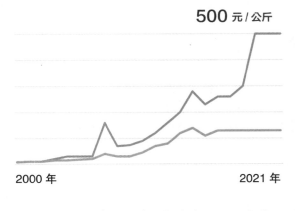

500 元/公斤

2000 年　　　　　　　　　2021 年

2000 年以来，小产区概念渐热，勐海最优质的普洱茶核心产区"大班章茶区"被推向台前，章家三队的茶价也随之水涨船高。

大班章的说法

　　大班章是指云南普洱茶的标志性产茶区，类似于波尔多之于葡萄酒，景德镇之于陶瓷，位于云南省勐海县，包括新、老班章在内的一些茶叶特点与班章相近相似的寨子，如贺开、班盆、广别老寨、老曼峨、卫东、曼诺、曼新竜、章家等，这些村寨被合称为大班章茶区。

第四部分
圈内的"小班章"

章家三队的茶，有"小班章"之称。"寻茶孤狐"先生曾说：这里的茶闷泡起来和老班章茶一样"苦大稠深"。可见此茶一定茶气十足，汤质饱满。

经过多个茶样的对比审评，笔者给出章家三队小树茶的茶评：干茶 色泽油润、显毫，条索较壮实；汤色金黄明亮；香气浓；滋味浓稠，苦底重于涩底，不过化得快；叶底肥壮鲜活。总的感觉是茶味厚实，口腔有较强的充实感。

通过布朗山四个寨子的茶样对比，我们来分析一下章家三队头春小树茶的内含物。

检测茶样	含水率（%）	水浸出物（%）	咖啡碱（%）	酯型儿茶素（%）	游离氨基酸（%）
老班章古树茶	8.42	49.55	3.38	4.91	5.62
新班章头春古树茶	9.58	48.42	3.75	5.75	5.31
老曼峨头春古树茶	9.07	50.72	2.92	5.84	4.78
章家三队头春小树茶	9.24	47.77	3.73	4.45	4.99

（茶样检测数据由茶树生物学与资源利用国家重点实验室提供）

观察内含物的含量，我们能读懂些什么呢？我们不妨把上面的表格改一改格式，从数据里得到品饮上的品质特点。

检测内容	检测数值	参考平均值	释义
含水率（%）	9.24	≤ 10	合格
水浸出物（%）	47.77	中等	醇厚
咖啡碱（%）	3.73	非常高	苦感非常明显
酯型儿茶素（%）	4.45	非常高	涩感非常明显
游离氨基酸（%）	4.99	中等偏低	较鲜爽

（茶样检测数据由茶树生物学与资源利用国家重点实验室提供）

　　我们来看章家三队头春小树茶，苦底重是由于 4.09% 的咖啡碱含量，这个数值应该算是很高的含量了。5.93% 的酯型儿茶素含量，使得茶汤有明显的涩感。所有物质综合在一起，使得其茶汤滋味厚实，口腔充实感强烈。

　　章家三队的茶叶产量是勐海县各个寨子中排在前列的，交通困难也是整个勐海县排得上号的，但每年前往章家三队收茶的茶商、茶企却络绎不绝。章家三队是勐海茶区茶叶发芽最早的寨子，也是将茶最早卖光的寨子。真心希望云南有更多这样的寨子。

【贰】 易武茶区

永德县

易武镇位于勐腊县东北山区，辖区有易武、麻黑、纳么田、曼腊、保德、曼乃6个行政村，68个自然村，73个村民小组。易武古茶山位于勐腊县易武镇，平均海拔1400米，最高处海拔2200米，年平均温度17.7℃左右，年降雨量在1800～2100毫米，土壤富含各类微量元素，空气湿润，高山终年云雾笼罩，是大叶种普洱茶理想的生长地。易武有悠久的产茶历史。早在清朝的雍正年间，六大茶山的"普洱茶"就被列为敬献皇室的贡品，每年清明节以前的茶叶必须完成进贡任务后才能上市交易。易武茶山是传统普洱茶的主产地，茶园面积和茶产量长期居于古六大茶山之首，是有名的"七子饼茶"产地。

刮风寨
薄荷塘
麻黑寨

易武茶区

勐腊县

第五寨 『三户一茶园』——刮风寨

有的茶，是不变的惦念，未喝想念，喝了不忘，恰似这刮风寨，尝之在口，赏之在心，终究念念不忘。

第一部分
坎坷山路

　　刮风寨，位于西双版纳勐腊县西北部的易武镇，与老挝相邻，靠近14号界碑。因为地处风口，四面环山，水自寨前流，风穿寨而过，所以得名"刮风寨"。刮风寨不仅以茶叶闯出名堂，更因为复杂的路况，一茶难求，为茶商、茶客津津乐道。

　　刮风寨距离麻黑村村委会23公里，距离镇政府35公里。从易武开车到寨里，近4个小时，只有镇政府到麻黑村这十多公里的一段路相对好走，剩下的全是土石路，一路颠簸，尘土飞扬。山路不但弯曲狭窄，而且崎岖不平，对于车辆、司机都是一个考验。即便这样，您也别抱怨，因为这条土石路是2001年修通的，在那之前，您只能乘坐摩托车才可以进来。如果到了雨季，路就基本处于封闭状态了。

　　道路的确不好走，但天然的景致还是让人心旷神怡。蓝天白云，绿树炊烟，简简单单，处处有着仙境般的感觉。

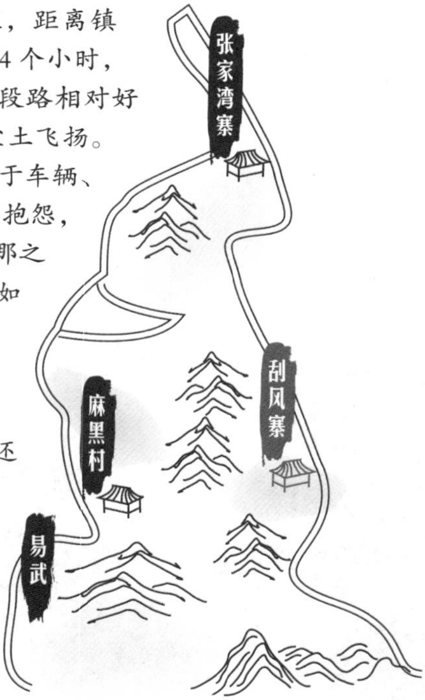

张家湾寨

刮风寨

麻黑村

易武

你了解刮风寨吗?

土地面积		略少于老班章
茶山海拔		1203 米
年平均气温		17℃
年降水量		2100 毫米,适宜茶树生长
常住人口		寨子包括 3 个村民小组,有村民 198 户,包括 800 多名瑶族群众和很少部分的苗族群众
收入来源		以茶叶为主

经过几个小时的颠簸，终于进入寨子，我们先去寻些吃食。每次路况非常不好时，我们都会默契地选择到达目的地再吃东西，原因你懂的。

听村支书李灵明讲，刮风寨辖3个村民小组，有农户147户，基本是瑶族人。公路未修通时，村民的日常出行及生产活动受到环境的极大制约，全寨经济落后，90%的村民无法解决温饱问题，全村没有一幢瓦房，人均年纯收入不足80元。现在寨里已经今非昔比啦。如今村里新房林立，各家各户过得红红火火。

你瞧，那满村散步的"冬瓜猪"多自在，悠然的神情，健美匀称的体型，让人啧啧称赞。

第二部分
三户一茶园

　　刮风寨村子里每三四户茶农家就占据一片古树茶林，古树茶主要集中在白沙河、茶坪、茶王树、冷水河和黑水梁子等地，这里生长的茶树树龄都在几百年以上。古树茶和其他原始老树相依相生，大部分没有矮化，而且在国有林中间。

什么是"国有林"

　　去过云南的茶友经常听到"国有林"三个字，国有林，顾名思义，是山林权属于国家所有的森林，是我国林业的主要组成部分。国有林所有制是单一的，即山林权属于全民所有，简单点说就是属于国家的林地。而云南人所说的国有林基本上是国有的森林。当茶友提及某款茶是生长在某一片国有林里时，基本上是在表达：此茶的生态好、树龄长、树高等。

刮风寨古树茶分布在约50平方公里的原始森林中，离人居住的地方有25公里之遥。从刮风寨徒步去茶王树茶地，需要5个小时左右，而且路都是狭窄的杂草路，很难行走。所以真正去过刮风寨茶王树茶地的人很少，这些古茶树就在几乎没有人为干扰的地方，缓慢而肆意地生长着。

长久以来，这里与世隔绝，因其远离现代社会，较为原始，所产的茶叶有一种原始的山野韵味，茶质超乎想象。这也是近年来刮风寨茶叶受到市场追捧的原因之一。

刮风寨茶地土壤检测的理化指标，见下表：

	pH	全氮 （g/kg）	碱解氮 （mg/kg）	速效磷 （mg/kg）	交换性镁 （mg/kg）	有机质 （g/kg）	速效钾 （mg/kg）
刮风寨	4.83	0.85	108.86	6.36	22.88	8.40	65.65
参考值	4.5～5.5	>0.75	>60	>5	30～60	>10	>50

（土样检测数据由茶树生物学与资源利用国家重点实验室提供）

数据表明，该地土壤pH值比较适中，速效磷和速效钾含量都比较高，有利于茶叶中类黄酮物质的形成以及茶多酚、氨基酸和咖啡碱含量的增加，但全氮含量和有机质含量偏低，其中全氮含量在24寨中仅高于薄荷塘。有机质含量与易武茶区其他地方相比，相对偏低。

优越的自然条件和生态环境，为刮风寨的茶树创造了最适宜生长的条件，也造就了刮风寨茶叶出众的品质。品饮时口感厚实，具有强烈的山野气息，苦涩味较低，回甘迅速，绵柔的后劲更是印证了曾经"易武为后"的美誉。

第三部分

十年刮风寨

　　刮风寨有古茶的地方主要是：茶王树、茶坪地、冷水河、白沙河、家边（寨子周边的古茶树）。但是茶叶价格都不一样，茶王树的最贵，茶坪地的和冷水河的第二，白沙河的次之，家边最便宜。

　　下表是刮风寨古树茶2000年至2021年平均收购价格统计表。

年份	春茶价格（元/公斤）	秋茶价格（元/公斤）
2000	8	8
2001	8	8
2002	10	8
2003	15	12
2004	30	20
2005	100	40
2006	400	200
2007	800	500
2008	800	400
2009	800	500
2010	1000	600
2011	1000	500
2012	1600	800
2013	2000	1200
2014	3000	1500
2015	3000	1200
2016	3000	1500
2017	3000	1500
2018	3500	1800
2019	4000	1800
2020	4000	1800
2021	4000	1800

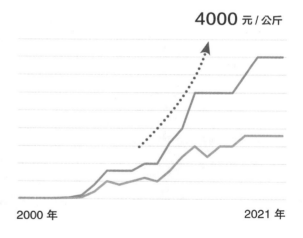

4000元/公斤

2000年　　　　　　　　　　2021年

（特别声明：此价格只做参考）

第四部分
硬汉刮风寨的柔顺性格

　　几年前来到刮风寨时，经村支书的介绍，见到了制茶名手李小红。一个粗犷的云南男人，接触下来他却似他的名字一般，细腻温柔。他话不多，却给人流水一般的自然亲切感。

　　刮风寨的名字似乎给人硬汉的感觉，但它的茶汤并没有它的名字那般粗犷，茶汤入口后极其柔顺，有苦但化得快，转为强烈的回甘从舌底不断涌来。

我们可以从下表的数据里得到刮风寨茶叶品饮上的品质特点：

检测茶样	含水率（%）	水浸出物（%）	咖啡碱（%）	酯型儿茶素（%）	游离氨基酸（%）
刮风寨头春古树茶	9.30	49.36	3.35	4.45	5.35

（茶样检测数据由茶树生物学与资源利用国家重点实验室提供）

检测内容	检测数值	参考平均值	释义
含水率（%）	9.30	≤ 10	合格
水浸出物（%）	49.36	中等较高	较醇厚
咖啡碱（%）	3.35	中等	苦感
酯型儿茶素（%）	4.45	偏低	涩感偏低
游离氨基酸（%）	5.35	中等较高	鲜爽度较明显

通过数据分析，可见刮风寨古树茶茶香水柔的特点。3.35%的咖啡碱，再加上49.36%的水浸出物使得茶汤醇厚，茶韵足。5.35%的游离氨基酸含量，不仅使茶汤口感鲜醇，而且入口细腻滑顺，配以较低的酯型儿茶素，茶汤会有微苦且回甘快的感觉。

　　通过对多个茶样的审评，我们得出了刮风寨古树茶茶评：干茶青褐油润、显毫、梗长；汤色黄绿明亮；香气柔和带有蜜香；滋味顺滑，入口柔和，苦涩感不明显，有喉韵；叶底黑、长、粗、厚。刮风寨古树茶的总体感觉是茶香水柔，苦后长甜，柔中有烈，十几泡后意犹未尽。

　　"寻茶孤狐"说：有的茶，是一个心愿，尝了也就罢了；有的茶，是偶然的缘分，喝了也就忘了；而有的茶，是不变的惦念，未喝想念，喝了不忘，恰似这刮风寨，尝之在口，赏之在心，终究念念不忘。

第六寨　恰似你的温柔——麻黑

易武茶香扬水柔，而麻黑茶更是柔中带刚，呷一口麻黑香茶，真想说，麻黑，恰似你的温柔。

　　笔者第一次听到麻黑时，就对这个名字充满了好奇，很想知道这个古怪的名字有什么说法。刚开始以为这是民族语言，后来发现麻黑村村民主要是汉族，就更加纳闷了。经过大量查阅和走访，总算找到了一个合理的解释：这个地方原来叫"大路边"，顾名思义，大路的旁边。以前，马帮早晨出发，从老挝到曼撒（易武），走到"大路边"这个地方，天儿正好是似黑不黑的时候，时间长了，大家就把这个地方说成是"麻麻黑的地方"，后来就干脆叫"麻黑"了。

　　现在交通便利了，再也没有"麻麻黑"的时候了，"麻黑"的称呼却流传了下来。

第一部分

麻黑在哪儿？

　　麻黑是古曼撒茶区的主要产地，是现在易武茶区的杰出代表。易武实际上是一个很大的茶区，其中最具代表性的是"七村八寨"，麻黑是七村之首。

七村八寨

麻黑村	刮风寨
高山村	丁家寨（瑶族）
落水洞村	丁家寨（汉族）
曼秀村	旧庙寨
三合社村	倮德寨
易比村	大寨
张家湾村	曼洒寨
	新寨

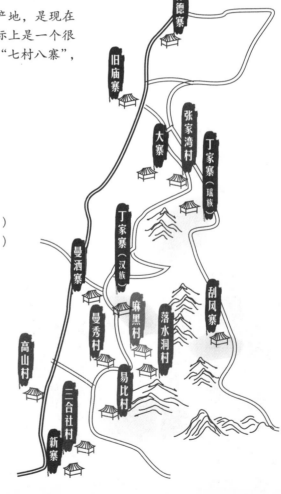

　　麻黑村村委会隶属西双版纳勐腊县易武镇，地处易武镇东北边，从易武镇到麻黑 10 公里左右，而且都是硬化路，开车不过半个小时。麻黑距勐腊县 120 公里，东邻老挝，南邻易武村委会，西邻曼落村委会，北邻曼腊村委会。

　　根据笔者奔走茶山的经验：不管你从勐海来，还是从普洱来，如果打算当天往返，最佳选择的村寨，就是麻黑。一是麻黑具有代表性；二是道儿好走；三是距离近。但是，建议茶友最好还是在易武住一宿更为安全。

"易武贵妇" 麻黑村

土地面积		约 0.2 平方公里
茶山海拔		约 1300 米
年平均气温		17 ℃
年降水量		1950 毫米，非常适宜茶树的生长
常住人口		共一百二十几户，大都是汉族人，据说是易武地区最富有的寨子
收入来源		以茶叶为主

第二部分
探访茶山

　　麻黑村旁，就是麻黑的古茶园。人在村子里，一个转身，就能走进古茶园。村庄就掩映在古茶树中央，古茶树和森林混生，常年生机盎然，四季都有野花盛开，环境非常好。

麻黑茶有大树茶和小树茶之分。大树茶是当地人对古树茶的俗称。老张是土生土长的麻黑人，他说小时候经常爬到茶树上玩儿。大概 20 世纪 90 年代时，村里大部分古茶树被台刈（yì）（台刈是指深度修剪，台刈后可增加产量，方便采摘）。所以从这些大茶树的树姿来看，不可谓大，只可曰小，要说大，也只是大在树龄上。

据老张介绍，现在村民们意识到不修剪的茶树，品质好，卖价高，所以现在茶农们开始有意识地"放养"古茶树，仅做少量的修枝整理。前些年，村里人散种在茶园内的茶树，因为树龄较小，统称为小树茶。

麻黑当地土壤肥沃，非常适合茶树的生长。麻黑茶地土壤检测的理化指标，见下表：

	pH	全氮（g/kg）	碱解氮（mg/kg）	速效磷（mg/kg）	交换性镁（mg/kg）	有机质（g/kg）	速效钾（mg/kg）
麻黑	4.69	1.32	99.79	1.76	1.30	10.57	23.74
参考值	4.5 ~ 5.5	>0.75	>60	>5	30 ~ 60	>10	>50

（土样检测数据由茶树生物学与资源利用国家重点实验室提供）

数据表明，该地土壤全氮和碱解氮的含量比较适中，但交换性镁的含量较低，和薄荷塘一样，在 24 寨土样的检测中，是最低的一个地方。茶树缺镁时，叶绿素和叶绿素 a、叶绿素 b 含量下降，叶片褪绿；同时，对二氧化碳的同化能力减弱，进行光和作用的能力下降。

第三部分

最贵的易武茶

小李是我们的老相识，他很爱茶。尤其喜欢研究茶怎么炒制，什么天气会出什么味道。小李把麻黑茶分为：麻黑古树（放养）、麻黑古树（修剪）、麻黑（大货）。小李说：用不同茶树的鲜叶，炒出来的茶，品质差异很大，所以鲜叶的价格也不一样。2017年春古树（放养）的鲜叶是每公斤360元左右，古树（修剪）每公斤320元左右，麻黑大货，也可以说是混采（大树、小树都采）的鲜叶价格是每公斤260元左右。

小李跟我们说："今年春茶茶树发芽推迟了20多天，这跟温度、降雨量都有关，主要是发芽时气温低。估计今年他家的茶要少采四成了。而且发芽期间，连续下了几天的雨，这可不是好事，对于茶叶的品质，尤其是对香气影响不小。这下，考验做茶技术的时候到了。"

麻黑茶能成为易武茶的"标杆"，还体现在"价格"上。麻黑茶的价格一直是易武茶系列的风向标。所以我们总结了各年度麻黑古树茶的收购价格表。

年份	春茶价格 （元/公斤）	秋茶价格 （元/公斤）
2000	6	6
2001	6	6
2002	8	8
2003	15	10
2004	30	10
2005	100	45
2006	300	150
2007	450	200
2008	100	30
2009	300	100
2010	500	150
2011	800	200
2012	1000	200
2013	1200	300
2014	1200	300
2015	1500	300
2016	2000	400
2017	2000	450
2018	2500	550
2019	2800	550
2020	2800	550
2021	2800	550

（特别声明：此价格只做参考）

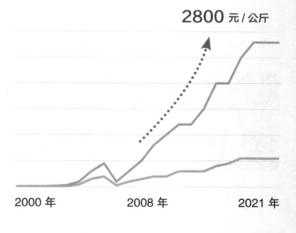

2800 元/公斤

2000 年　　2008 年　　2021 年

麻黑茶之贵，可见一斑。

一直以来，市场上有以利益为导向的作假和掺假、大树茶小树茶混杂的销售行为。虽然令很多喜爱麻黑茶的茶客诟病，但不得不承认，麻黑茶依然稳稳地站在易武茶的主轴上。

第四部分

麻黑茶味

麻黑、三丘田、曼秀、落水洞，这些寨子都属于麻黑村委会管辖，虽然离得近，但茶的品质各有千秋。三丘田与落水洞、麻黑寨的区别最明显；曼秀与落水洞、麻黑的区别次之。落水洞与麻黑的茶园是在一座山梁的两面，所以口感较接近，但若仔细区分，两者的茶也还是有细微的差别。

通过多家、多样对比，我们给出麻黑古树茶的茶评：干茶色泽乌润，条索壮实，茶梗较长；茶汤明亮；香气清幽，有花香，有人称作蜜兰香；滋味醇厚顺滑，涩感不明显，甜度好，有回甘。其总体感觉是温柔而细腻，高雅而绵长。

通过数据，我们来分析一下麻黑头春古树茶的品质特征。

检测茶样	含水率 （%）	水浸出物 （%）	咖啡碱 （%）	酯型儿茶素 （%）	游离氨基酸 （%）
麻黑头春 古树茶	9.76	48.19	3.90	5.40	5.64

（茶样检测数据由茶树生物学与资源利用国家重点实验室提供）

　　根据其内含物的含量，我们能读懂些什么呢？还是老规矩，我们不妨把上面的表格改一改格式，从数据里得到品饮上的品质特点。

检测内容	检测数值	参考平均值	释义
含水率（%）	9.76	≤ 10	合格
水浸出物（%）	48.19	中等	醇厚
咖啡碱（%）	3.90	非常高	苦感明显
酯型儿茶素（%）	5.40	偏低	涩感偏低
游离氨基酸（%）	5.64	中等偏高	鲜爽度偏高

　　通过数据，我们可以看到，麻黑头春古树茶内含物丰富，5.64%的游离氨基酸含量和5.40%的酯型儿茶素含量，不仅使茶汤口感鲜醇，而且入口细腻滑顺。3.90%的咖啡碱含量，使得茶气更足。部分咖啡碱会和高含量的游离氨基酸结合，使茶汤更加鲜醇清爽。由此我们可以得出，麻黑古树茶水甜茶柔的特点。

　　跑了一天茶园，的确有些累，但是收获颇丰。看来这寻茶，还确实是需要点体力呢，坐下来，泡上一杯茶，静静品味，啧，好茶，好茶！易武茶香扬水柔，而麻黑茶更是柔中带刚。呷一口麻黑香茶，真想说，麻黑，恰似你的温柔。

第七『寨』 薄荷塘——八个焦点问题

情之所至，一往而深，因为一片叶子踏遍千山万水。

　　二十多年前，弯弓寨的几个村民，结伴向易武茶区的大山深处前进。当他们越过弯弓河以后，惊奇地发现森林中竟然有如此高大修长的古茶树。好奇的村民们，从树上采摘下一些鲜叶，带回家中制作成毛茶。冲泡后发现味道好喝而且与众不同。逐渐地，薄荷塘的名字就在茶客中传扬开来。近些年，薄荷塘更是被认为是易武茶区的"新贵"，被茶客争相追捧。但薄荷塘还有许多神秘的面纱，等着人们去探寻，去掀开。

第一个问题

薄荷塘在哪儿？怎么去？

　　薄荷塘隶属于易武乡的曼腊村委会帕扎河瑶寨，在曼撒古茶山范围内，海拔 1800 米左右。从位置上说，薄荷塘在弯弓茶地的东北方向。帕扎河瑶寨的茶地分为：薄荷塘上茶地和薄荷塘下茶地。薄荷塘的古茶树主要位于下茶地，小树茶主要在上茶地。简单点说：薄荷塘不是一个寨子，而是帕扎河瑶寨的一块茶地，周围为原始森林，四处都是参天大树！

张家湾寨

薄荷塘

刮风寨

麻黑村

易武

　　寻访薄荷塘不仅需要一份情怀，情之所至，一往而深，因为一片叶子踏遍千山万水，更需要苦其心志，劳其筋骨的毅力和一种恰到好处的缘分。

　　笔者从易武出发，驱车40分钟左右到达帕扎河。而后，从帕扎河到薄荷塘就要更换摩托车了，在坐摩托车沿土路前行的路边就是悬崖深渊。到最后一段路，连摩托车也骑不进去，只得徒步前行。算下来至少也要三个多小时的行程。

　　如果你晕车、或者你恐高，那么就和薄荷塘说拜拜吧。

　　如果你坚信人生总有那么一两次说走就走的旅行，那么一定要提前联系当地人，而且确保那三四天内无雨，方可开启寻访之旅。

　　对于一段蜿蜒曲折且具有一定危险的艰辛旅程，沿途的原生态景致才是最好的良药。古树茶零落在原始森林中，山峦叠嶂，溪涧填壑，清塘若隐。四周都是参天巨树，藤萝绕树，树木上长满了野生石斛，开着不同颜色的花朵，美丽至极，这也是薄荷塘生态优良的最好证据。

第二个问题

薄荷塘到底有多少棵古茶树？

薄荷塘到底有多少棵古茶树？网络上的回答大致有两个版本：一个是说 33 棵，或 32 棵；一个说有 50 棵。

如果您拿这两个数字去问薄荷塘茶地的主人，主人会含笑不语。为什么？说对也对，说不对也不对。

原因是 2016 年以前，薄荷塘古树茶挂过编号，挂到了 33 棵，就没再挂，所以很多人就认为只有 33 棵古树。后来死了一棵，就有了 32 棵古茶树的说法。

2016 年，又重新挂了一次编号，这次挂到了 50 号，所以有了 50 棵之说。

薄荷塘的茶树分布不集中，东一棵西一棵，计算很不方便。据笔者了解，薄荷塘的古茶树远不止 50 棵，应该有百余棵之多。

第三个问题

薄荷塘古茶树的主人是谁？

　　几十年前，薄荷塘茶地没有主人，也无人知道此地。瑶寨的老周找到这块茶地，并且种植了许多小茶树。周家有一子三女，薄荷塘的茶叶就一分为四，每年的茶叶收入四家各得一份。如今的周家四子女用茶叶的收入，置房、买车，日子过得一天比一天殷实，可以说薄荷塘也算是"家族企业"了。

第四个问题

薄荷塘是一个寨子的名字吗？

　　很久以前，瑶族人在森林里发现一小片长着薄荷的土地，顺嘴就叫薄荷塘。后来，瑶寨的老周在此找了一片空地种草果，一些人就叫它草果地。再后来，老周在这里种茶，并从古茶树上采来茶叶制作售卖，越来越多的人知道了这里，而大多数人都称这里为"薄荷塘"，于是顺着先人的叫法，这块茶地又恢复了薄荷塘的名字。

第五个问题

薄荷塘茶叶的真实价格是多少?

近几年易武产区按照小区域内茶叶的品质特点,细分出七村八寨等小产区,更有甚者,还出现了微产区。薄荷塘便是其中翘楚。整个薄荷塘的古茶树,头春下来有一百来公斤,极优的品质,极少的量,注定只有极少数人才能拥有。所以薄荷塘茶一经上市,争夺战便也同时打响,周家的收入也就可想而知了。

笔者走访、调查,整理出了薄荷塘从2000年到2021年的茶叶收购价格统计表,如下:

年份	春茶价格 (元/公斤)	秋茶价格 (元/公斤)
2000	5	5
2001	5	5
2002	80	50
2003	100	60
2004	100	60
2005	120	80
2006	400	150
2007	800	300
2008	800	400
2009	800	400
2010	1000	500
2011	1200	600
2012	1600	800
2013	3000	1500
2014	5000	2000
2015	12000	6000
2016	20000	8000
2017	22000	10000
2018	30000	16000
2019	32000	18000
2020	34000	18000
2021	34000	18000

(特别声明:此价格只做参考)

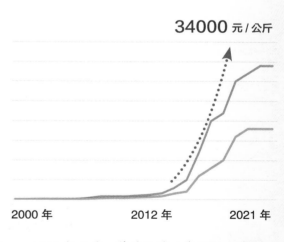

2010年以前,薄荷塘茶叶在市场上基本没人提及,甚至到2012年,知道的茶友也并不多。2013年、2014年其价格开始直线上窜,2015年价格过万,力拔易武茶区价格头筹,2016年春茶每公斤过两万元,2018年春茶价格继续走高,古茶树茶叶价格在每公斤30000元左右。

第六个问题

薄荷塘茶好在哪儿？

　　薄荷塘茶地的土壤是厚达几十厘米的肥沃腐殖质黑土，对于茶树来说，这样的环境可以提供给它们最充足的养分。笔者整理了薄荷塘茶地土壤检测的理化指标，见下表：

	pH	全氮 （g/kg）	碱解氮 （mg/kg）	速效磷 （mg/kg）	交换性镁 （mg/kg）	有机质 （g/kg）	速效钾 （mg/kg）
薄荷塘	4.57	0.72	56.79	1.76	1.30	23.57	23.74
参考值	4.5 ~ 5.5	>0.75	>60	>5	30 ~ 60	>10	>50

（土样检测数据由茶树生物学与资源利用国家重点实验室提供）

　　数据表明，当地土壤的全氮、碱解氮和交换性镁的含量是24寨中最低的，但有机质含量相对较高，是本地其他茶山的2倍以上，当然这与薄荷塘茶园中厚达几十厘米的肥沃腐殖质黑土有密切关系。

值得一提的是，薄荷塘并不是因为有薄荷叶，也不是因为叫薄荷塘，茶汤才有清凉感的。这种口感上的清凉实际上是来自薄荷塘古树茶的内含物，主要是其游离氨基酸和酯型儿茶素含量较高，茶汤的鲜醇度较好而形成的口腔清凉感。

经过多个茶样对比，笔者给出薄荷塘古树茶的茶评：干茶色泽墨绿，条索壮实，梗长，茶汤金黄明亮，花香幽深而浓郁，入口有明显的清凉感，水路细腻稠滑，回甘持久，喉韵明显。总体感觉是茶汤柔甜，滋味饱满，喉韵深厚。

之前提到，薄荷塘古树茶的年春茶产量为200公斤左右，极低的产量加上优质的口感，薄荷塘的成名也就是水到渠成的事。上面笔者提到，2017年春，薄荷塘的小树价格都到了每公斤1500元，这不仅在易武，就是在整个云南都是异数。那么笔者分析一下它的内含物，看看它到底好在哪。

检测茶样	含水率（%）	水浸出物（%）	咖啡碱（%）	酯型儿茶素（%）	游离氨基酸（%）
薄荷塘头春小树茶	9.76	48.19	3.90	5.40	4.64

（茶样检测数据由茶树生物学与资源利用国家重点实验室提供）

检测内容	检测数值	参考平均值	释义
含水率（%）	9.76	≤ 10	合格
水浸出物（%）	48.19	中等较高	较醇厚
咖啡碱（%）	3.90	中等较高	苦感较高
酯型儿茶素（%）	5.40	中等	涩感
游离氨基酸（%）	4.64	中等较低	鲜爽度较低

上表为薄荷塘头春小树茶内含物的分析，从数据中我们可知该茶水浸出物48.19%含量使茶汤滋味比较醇厚，而4.64%游离氨基酸和3.90%咖啡碱的含量，使得茶汤虽然醇厚，却有苦感。好在酯型儿茶素的含量不算高，所以品饮时会微苦然后有快速回甘的感觉，这种感觉就叫作喉韵。

通过数据分析可见，薄荷塘小树茶的综合品质确实不错。可以说薄荷塘小树茶不是简单地攀高枝、傍大款，沾了名气的光，而是的的确确具有好茶的特质，总之，消费者并不傻，不会任由卖茶者忽悠，随便一款茶，就会高价买，尤其是"骨灰级"的茶友，不喝个醍醐灌顶，至少也得汗流浃背，才肯掏银子。

第七个问题
薄荷塘的茶树为何叫高杆树？

　　薄荷塘茶地由于多年无人采摘、无人管理，加上良好的生态环境，古茶树充分发挥了顶端优势。周围都是高大的乔木，为抢夺更多的光照，古茶树们拼命地往高长。多年后，就形成了现在这些像电线杆一样的古茶树。由于古茶树枝杈较少，树干笔直高大，高十米左右，所以茶友们都称其为"高杆茶"。

　　薄荷塘茶区不大，树龄极老，古茶树参差不齐，东一棵西一棵，大部分都是 5～8 米的老树。其中最高的经过测量已经超过 12 米了，这是易武茶区难得一见的古茶树。采摘这些茶，必须搭长梯爬上树，异常艰难，且数量稀少。

　　像现在市场上的一些茶一面市卖就是几十件，那是不可能的。

第八个问题

哪里才能买到真正的薄荷塘古树茶？

　　在之前的几部分里，都提到过，薄荷塘茶的产量很少，那市场上随处可见的薄荷塘古树茶必然有假。那么在哪里能买到真正的薄荷塘古树茶呢？

　　大部分茶友会认为，直接找茶农买，肯定能买到正宗的薄荷塘古树茶。您可千万别这么认为。笔者可以很负责任地跟您说："薄荷塘主人的茶叶产量极少，基本上算是没有。"每年春茶采摘时节，都有大批的茶叶发烧友守在茶树底下，与茶地主人达成共识，采下的鲜叶直接收走，自行加工，根本不过茶地主人的手。对于茶地主人来说也是合适的，一是免去了加工之苦，二是免除了加工时可能出现的质量风险，而且价格一点都不亏，茶地主人何乐而不为呢？

　　可以说，薄荷塘的茶叶基本上都在"骨灰级"的茶友手里。所以您想买到正宗的薄荷塘古树茶，那就看您的道行了。

【叁】

临沧茶区

那罕 忙麓山

冰岛老寨

小户赛 正气塘

临沧茶区

临沧

提到临沧茶区，人们往往会想到两个名气很大的寨子：冰岛和昔归。而这两个寨子所在的勐库镇和邦东乡都是出产名茶的地方，也是临沧茶区古茶园相对集中的地方。

勐库镇位于双江县境北部，全镇有16个村委会，103个自然村（寨子），普洱茶产量占全县90%左右，全镇以南勐河为界，分为东半山和西半山。西半山的名寨有：冰岛老寨、南迫、地界、坝卡三寨、花椒树、大忠山、大户赛、懂过两寨、磨烈两寨、小户赛、邦骂、滚上山、大寨、忙坡、忙别等。东半山的名寨有：正气塘、小村、那赛勐峨两组、上亥公、下亥公、东弄、东来、邦滚、大石坊、橄榄山、背阴寨、石头寨、忙那、坝糯、滚岗、忙蚌等。

勐腊县

第八寨　心向神往的——冰岛老寨

真正的冰岛茶，透着一股明显的冰糖味道，如果没有这个味道，再好喝也不是真正的冰岛老茶。

第一部分
勐库茶区

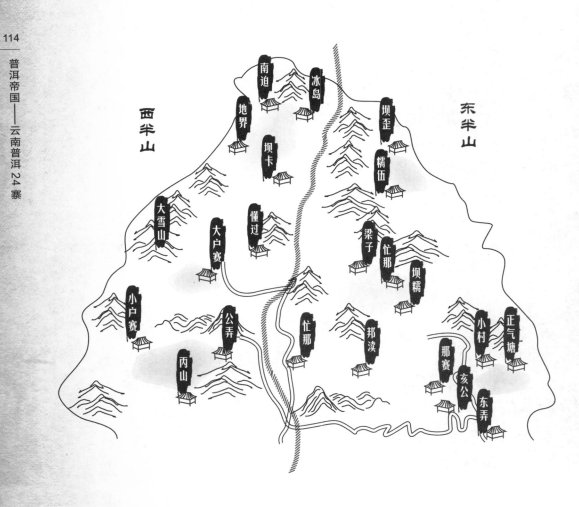

西半山

东半山

南迫　冰岛

地界

坝卡

大雪山

大户赛

懂过

梁子

忙那

坝坎

糯伍

坝歪

小户赛

公弄

忙那

邦渎

小村

正气塘

那赛

亥公

东弄

丙山

村委会		16 村委会所辖的 103 个自然村（寨子）	名寨	村支书
西半山	冰岛	冰岛老寨、南迫、地界、糯伍、坝歪	冰岛五寨	周顺明
	坝卡	南等、包谷地、上坝卡、下坝卡、中坝卡、甲山	坝卡三寨	李正华
	大户赛	花椒树、大忠山、大户赛、河边寨	花椒树、大忠山、大户赛	李荣林
	懂过	懂过里寨、懂过外寨、上磨烈、下磨烈、坝气山	懂过两寨磨烈两寨	李明贵
	公弄	公弄大寨、公弄小寨、里寨、小户赛豆腐赛（中户赛）、三家村、五家寨、帕奔	小户赛	俸大忠
	丙山	丙山上寨、丙山下寨、邦骂、邦骂三组、滚上山	邦骂、滚上山	杨忠新
	邦改	大寨、里寨、外寨、姚寨、大箐寨	大寨	姚云忠
	护东	马鹿林、护东、忙别、忙坡、坝胡回笼、邦章、邦弄、良种场、新村	忙坡、忙别	张志华
东半山	城子	邦协一组、邦协二组、邦协三组、邦协四组勐峨一组、勐峨二组、勐峨三组、旧笼一组旧笼二组、民族寨、小寨	勐峨两组	罗恒明
	亥公	上亥公、下亥公、东弄、东来、上邦界下邦界、丫油、肖井、热水塘	上亥公、下亥公、东弄、东来	许国忠
	那赛	正气塘、小村、那赛、百花树、邦木、大文山	正气塘、小村那赛	李忠发
	邦渎	文库、邦渎、邦抗、梁子、上里皮金、下里皮金	邦渎	李荣华
	那焦	大寨、石头寨、三家村、大石坊橄榄山、偏坡寨、背阴寨	大石坊、橄榄山背阴寨、石头寨	董明富
	忙那	忙那	忙那	李明红
	坝糯	坝糯	坝糯	李学荣
	梁子	滚岗、忙蚌、大姚	滚岗、忙蚌	罗新荣

开始介绍冰岛老寨之前我们先来普及一点茶树品种方面的知识。虞富莲教授团队在2013年、2014年分别对勐库茶区的古茶树进行了调查研究，发现了多株不同性状的古茶树，下面摘录部分内容：

茶树品种知识普及

云南境内分布着许多大叶茶品种，代表性品种可以分为群体种和无性系品种两大类。

"群体种"是通过自然杂交，以种子进行繁殖的云南大叶种茶树的后代。例如临沧的凤庆大叶种和勐库大叶种，它们都是国家级良种。

勐库大叶种原产于勐库镇，1983年被认定为国家级良种，是有性系群体种，乔木型，植株高大，树姿开张，主干明显，分枝高。叶片特大，长椭圆形或椭圆形，叶色深绿，叶面隆起，叶身背卷或稍内折，叶齿钝稀浅，叶质较厚，多酚类和咖啡碱含量较高。

滇 112. 冰岛大叶

产于双江勐库冰岛，海拔1696米。冰岛大叶是群体种的主要类型之一。栽培型，样株乔木型，树姿直立，树高9.1米，树幅5.3 m×4.8 m，最低分枝高3.2 m，分枝较密。嫩枝稀毛。鳞片多毛。芽叶黄绿色、多毛。特大叶，叶长宽16.8 cm×6.4 cm，最大叶长宽19.4 cm×7.1 cm，叶长椭圆形，叶色绿有光泽，叶身平，叶面隆起，叶尖渐尖和尾尖，叶脉10～12对，叶齿中、稀、浅，叶柄有毛，叶背主脉多毛，叶质较厚软。萼片5片、无毛、色绿。花梗无毛，花冠直径3.5 cm×3.0 cm，花瓣7～8枚、白现绿晕，质薄、无毛，子房多毛、三室，花柱先端3中裂，雌雄蕊高或等高。果三角状球形、肾形等，干果皮厚0.9 mm。种子球形、不规则形等种径1.5 cm×1.4 cm，种皮棕褐带灰色，种子百粒重163.0 g。染色体倍数性是：整二倍体频率为85%，非二倍体频率为15%（其中三倍体为3%）。2014年干样含水浸出物46.6%、茶多酚20.2%、儿茶素总量19.3%（其中EGCG3.01%）、氨基酸4.8%、咖啡碱3.52%、茶氨酸3.349%。制红茶、绿茶。制"滇红工夫"，条索肥硕重实，汤色红艳富金圈，香气高长，滋味浓强鲜；制绿茶，香气嫩侬，味浓厚。（2013.11）

滇 113. 冰岛特大叶

产地同冰岛大叶，海拔 1675 m。冰岛特大叶是群体种的主要类型之一。栽培型。样株小乔木型，树姿半开张，树高 8.0 m，树幅 5.7 m×4.4 m，干径 54.0 cm，最低分枝高 1.0 m，分枝密。嫩枝有毛。芽叶黄绿色、多毛。特大叶，叶长宽 19.1 cm×8.4 cm，最大叶长宽 21.3 cm×9.4 cm，叶椭圆形，叶色绿，叶身平，叶面隆起，叶尖渐尖和钝尖，叶脉 10～13 对，主脉突显，叶齿中、中、中或锐、中、深，叶背主脉多毛，叶背淡绿色，叶质软。萼片 5 片，无毛、色绿。花冠直径 3.8 cm×3.2 cm，花瓣 6～8 枚、白现绿晕、质薄、无毛，子房多毛、3 室，花柱长 1.1～1.3 cm、先端 3 中裂或深裂，雌雄蕊高或等高。果三角状球形、肾形等，果径 2.4 cm×2.0 cm。种子球形、不规则形等，种径 1.4 cm×102 cm，种皮棕褐色，种子百粒重 111.0 g。2014 年干样含水浸物 43.40%、茶多酚 20.70%、儿茶素总量 16.50%（其中 EGCG5.29%）、氨基酸 3.20%、咖啡碱 3.46%、氨基酸 1.25%。制红茶，绿（晒青）茶。（2013.11）

滇 114. 冰岛绿大叶

　　产地同冰岛大叶，海拔 1675 m。是群体类型之一。栽培型。样株小乔木型，树姿半开张，树高 7.2 m，树幅 5.1 m×4.9 m，干径 52.0 cm 最低分枝高 0.8 m，分枝密。嫩枝有毛。芽叶黄绿色，多毛。特大叶，叶长宽 16.2 cm×6.5 cm，最大叶长宽 18.6 cm×7.1 cm，叶椭圆形，叶色绿，叶身平，叶面隆起，叶缘微波，叶尖渐尖，叶脉 11-12 对，叶齿中、中、深，叶背主脉多毛，叶质软。萼片 4～5 片、无毛、色绿。花冠直径 3.6 cm×3.2 cm，花瓣 8 枚、白色，花瓣长宽 2.1 cm×1.4 cm，花瓣质中，子房无毛、3 室，花柱长 1.0～1.4 cm、先端 3 浅裂，雌雄蕊等高。果三角状球形，肾形等，果径 3.1 cm×2.5 cm。种子球形、不规则形等，种子大，种径 1.7 cm×1.5 cm，种皮棕褐色，种子百粒重 253.0 g。2014 年干样含水浸出物 45.4%、茶多酚 22.3%、儿茶素总量 18.4%（其中 EGCG4.48%）、氨基酸 3.2%、咖啡碱 3.5%、茶氨酸 1.533%、天冬氨酸 0.140%、谷氨酸 0.211%、赖氨酸 0.008%、精氨酸 0.015%、没食子酸 1.22%。制红茶、绿茶。（2013.11）

滇 115. 冰岛黑大叶

　　产地同冰岛大叶，海拔 1675 m。是群体类型之一。栽培型。样株小乔木型，树姿半开张，树高 8.3 m，树幅 5.2 m×4.9 m，干径 54.0 cm，最低分枝高 0.8 m，分枝密。嫩枝多毛。芽叶绿色，多毛。特大叶，叶长宽 18.7 cm×6.6 cm，最大叶长宽 23.0 cm×8.5 cm，叶椭圆形，叶色深绿有光泽，叶身平，叶面稍隆起，叶缘平，叶尖渐尖和尾尖，叶脉 11～14 对，叶齿中、中、中，叶背主脉多毛，叶质软。萼片 5 片、无毛、色绿。花冠直径 3.5 cm×2.9 cm，花瓣 6 枚、白色，花瓣长宽 2.0 cm×1.8 cm，花瓣质中，子房多毛、3 室，花柱长 1.3～1.4 cm、先端 3 浅裂，雌雄蕊等高。果三角状球形、肾形等，果径 2.2 cm×1.8 cm。种子球形、不规则形等，种径 1.7 cm×1.5 cm，种皮棕褐色，种子百粒重 205.0 g。2014 年干样含水浸出物 43.6%、茶多酚 24.4%、儿茶素总量 19.0%（其中 EGCG3.56%）、氨基酸 3.8%、咖啡碱 3.78%、茶氨酸 2.049%、天冬氨酸 0.1760%、谷氨酸 0.223%、赖氨酸 0.01%、精氨酸 0.037%、没食子酸 1.12%。制红茶、绿茶。（2013.11）

滇 116. 冰岛筒状大叶

　　产地同冰岛大叶，海拔 1675 m。是群体类型之一。栽培型。样株小乔木型，树姿半开张，树高 6.6 m，树幅 4.1 m×3.5 m，干径 36.0 cm，最低分枝高 1.4 m，分枝中。嫩枝有毛。芽叶绿色，毛特多。特大叶，叶长宽 14.9 cm×7.3 cm，叶椭圆形，叶色绿，叶身内折，叶面稍隆起，叶尖渐尖，叶脉 12～13 对，叶齿钝、稀、中，叶背主脉有毛，叶质软。萼片 5 片、无毛、色绿。花小，花冠直径 2.6 cm×1.9 cm，花瓣 6～8 枚、白色，花瓣长宽 1.5 cm×1.1 cm，花瓣质中，子房多毛、3 室，花柱长 0.9～1.0 cm、先端 3 浅裂，雌雄蕊等高。果三角状球形，肾形等，果径 2.5 cm×2.0 cm。种子球形、不规则形等，种径 1.6 cm×1.6 cm，种皮棕褐色，种子百粒重 225.0 g。2014 年干样含水浸出物 45.8%、茶多酚 26.0%、儿茶素总量 17.3%（其中 EGCG3.78%）、氨基酸 4.1%、咖啡碱 3.85%、茶氨酸 3.149%、天冬氨酸 0.108%、谷氨酸 0.208%、苯丙氨酸 0.036%、赖氨酸 0.023%，精氨酸 0.029%、没食子酸 1.29%。制红茶、绿茶。（2013.11）

滇 117. 冰岛大黄叶

产地同冰岛大叶，海拔 1675 m。是群体类型之一。栽培型。样株小乔木型，树姿半开张，树高 1.6 m，树幅 2.9 m×2.7 m，干径 26.0 cm，最低分枝高 0.3 m，分枝中。嫩枝有毛。芽叶黄绿色，毛多。大叶，叶长宽 15.3 cm×5.5 cm，叶长椭圆形，叶色黄绿，叶身稍内折，叶面隆起，叶尖渐尖，叶脉 12～13 对，叶齿锐、中、中，叶背主脉有毛，叶质软。萼片 5 片、无毛、色绿。花冠直径 3.0 cm×2.6 cm，花瓣 6～7 枚、白色，花瓣长宽 1.7 cm×1.3 cm，花瓣质薄，子房多毛、3（4）室，花柱长 1.0～1.3 cm、先端 3（4）中裂，雌雄蕊高或等高。果三角状球形，肾形等，果径 2.0 cm×1.4 cm。种子球形、不规则形等，种径 1.6 cm×1.6 cm，种皮棕褐色，种子百粒重 225.0 g。2014 年干样含水浸出物 45.8%、茶多酚 24.0%、儿茶素总量 16.0%（其中 EGCG4.92%）、氨基酸 3.3%、咖啡碱 3.63%、茶氨酸 1.537%、天冬氨酸 0.129%、谷氨酸 0.227%、苯丙氨酸 0.045%、赖氨酸 0.022%、精氨酸 0.017%、没食子酸 1.08%。制红茶、绿茶。（2013.11）

虞富莲教授团队的分析可以说是一目了然了。到这里，我们就对冰岛茶树有了一定的了解，起码也是心中有"树"了。

第二部分

冰岛老寨

　　曾经茶圈里广为流传着"班章为王，易武为后"的说法，不知不觉中，这句话渐渐地被"班章为王，景迈为后"所替代。随着时间的推移，普洱爱好者们又发现，没有什么比真正的冰岛古树茶更柔的茶叶了。于是，"班章为王，冰岛为后"的说法便兴盛起来。无论名号归谁，至少说明两点：其一，冰岛茶叶的好品质是毋庸置疑的；其二，冰岛茶以柔见长。

都说"冰岛"是让无数茶友魂牵梦绕的地方。那么，它具体在哪呢？

云南临沧勐库有一座著名的邦马大雪山，海拔3200米，山顶终年积雪，山中云雾缭绕，原始森林密布，大叶种的古茶树遍布其间。在邦马山脉北段的半山腰上，有一个古老的村寨叫作"丙岛"，"丙岛"是傣语，意思是用竹篱笆做寨门的地方。不知从何时起改称为具有国际时尚味道的"冰岛"了，而且官方也认可了这个名称，甚至山脚下的南等水库也改名冰岛湖了。

冰岛行政村隶属双江拉祜族佤族布朗族傣族自治县勐库镇，地处勐库镇北端，距勐库镇政府所在地25公里，距县城44公里。说说去冰岛的路吧，从临沧到冰岛，目前最优路线是走南勐方向，全程是硬化路，车程在两个半小时左右。如果从临沧走214国道或是从双江县城出发，那就必须过勐库镇，从勐库镇到冰岛山下目前全部是土路，勐库到冰岛的车程大概为一个半小时。不过，当地从2017年春茶后就开始修路，预计2018年春茶前修通，那时车程可以缩减到一个小时。值得注意的是，勐库到冰岛的这条路经常有塌方或滚石，春茶时期，雨水少，还好些，到夏秋季节，雨水就会增多，建议茶友们去冰岛最好还是避开连雨的季节。

顺着南勐去冰岛老寨，千万不要开错路口，因为西半山各个寨子都有独立的入口。以前去冰岛老寨的时候，经常错过冰岛老寨的路口。不过在 2017 年 3 月 16 日，冰岛村在村口立了一块显著的石碑，从这里往山上 3 公里处，车程大约 20 分钟，就到冰岛老寨了。走错路这样的小插曲也就可以减少很多了。

临沧通向冰岛的路线

路线①：

从临沧到冰岛，目前最优路线是走南勐方向，全程是硬化路，车程在两个半小时左右。但是每个入口都是独立的，要注意选对路口。

路线②：

从临沧走 214 国道或是从双江县城出发，过勐库镇，从勐库镇到冰岛山下目前全部是土路，勐库到冰岛的车程大概为一个半小时。但是要注意塌方或滚石，避开雨季。

冰岛行政村概况

土地面积		2.51 平方公里
茶山海拔		1400 ~ 2500 米
年平均气温	℃	18 ~ 20 ℃
年降水量		1800 毫米，非常适合茶叶的生长
常住人口		有 5 个自然村（寨子），全村现有农户 273 户

冰岛行政村与冰岛自然村的关系

行政村下辖冰岛、地界、糯伍、坝歪、南迫 5 个寨子。也就是说冰岛行政村包含冰岛自然村。

冰岛村委会的支书叫周顺明，我们习惯喊他扎木书记。据扎木书记介绍：冰岛行政村有 5 个自然村（寨子），全村现有农户 273 户，面积 2.51 平方公里，海拔 1400~2500 米，年平均气温 18~20 ℃，年降水量 1800 毫米，非常适合茶叶的生长。现在冰岛的名气越来越大，来冰岛的游客越来越多，村里专门修了观光路，以便更好地保护古茶树的生态环境。

应该说从 2008 年，冰岛的鲜叶上涨到每公斤 120~140 元开始，冰岛茶的价格就以势不可挡的趋势一路飙升。它也从其他村寨眼中"最懒最穷"的村变成了家庭最高年收入过百万的"土豪村"。约 50 户人家的冰岛老寨，每年干茶产量十几吨，百年以上古树茶约占 8 吨。

1987 年出生的小张，是冰岛老寨小有名气的制茶能手，他说：2001 年时，他上中学，中学在勐库镇，由于路不通，要徒步上学，从家到学校要走上六七个小时，一周才能回来一趟。这几年，茶叶不愁卖，尤其 2010 年，每家的房子都在翻修、改建。现在，小张已经是两个孩子的父亲了，并且在临沧买了楼房。小张说："我小时候读书的条件太差了，现在做茶有了生活保障，一定要让小孩子接受好的教育，到临沧买房，就是要培养好孩子。"现如今，小张在茶季时回寨子，平日在临沧陪老婆孩子，很是幸福。据了解，冰岛老寨里像小张一样，在临沧市、双江县城买房的茶农还有很多。

　　每到茶季，冰岛的茶农大都忙于做茶，亲自采茶的人较少，采茶工大都是从外镇请来的，在冰岛的采茶工来自南勐乡的居多。从2016 年起，春茶每人每天 100 元，秋茶大都 80 元左右。

　　笔者用手机软件测了一下冰岛老寨的定位：北纬 23° 42′ 24″，东经 99° 53′ 35″，海拔 1686 米。至于空气质量嘛，蓝天白云，碧水青山，想想就知道有多好了。

　　大家耳熟能详的冰岛，其实是一个行政村，它下辖 5 个寨子，分别是：冰岛、地界、糯伍、坝歪、南迫。为了区分开冰岛行政村和冰岛自然村，习惯上称冰岛自然村为冰岛老寨。市场上卖得最火，卖得最贵的是冰岛老寨的茶，其他四寨虽然品质也不错，但与冰岛老寨相比，价格相差 5~10 倍，比如 2017 年冰岛老寨的头春古树茶每公斤 30000 元左右，而其他四寨每公斤在 4000 元左右。巨大的差价和茶叶品质有直接的关系。

冰岛自然村 = 冰岛老寨

　　冰岛老寨的茶是 5 个寨子中炒得最火、卖得最贵的，当然品质也是最好的。约 50 户人家的冰岛老寨，每年干茶产量十几吨，百年以上古树茶所产茶叶约占 8 吨。

第三部分

说说茶园里的情况

　　扎木书记是个爱茶之人，介绍起勐库茶区来，滔滔不绝：冰岛古茶园属于勐库茶区，对于整个临沧茶区而言，勐库茶区刚好位于临沧茶区中心，永德茶区在西，邦东茶区在东。而以南勐河为界勐库茶山被分为东半山和西半山两部分。东半山茶香气高昂，显毫，但茶气相对较弱；西半山正好相反，香气弱但茶气十足。冰岛村的茶叶就恰恰位于南勐河畔，所产茶兼具东半山和西半山的特色，可谓集勐库茶区优秀品质于一身的极品好茶。

　　冰岛是茶的主要发源地，该地产茶的历史悠久。据有关史料记载：在明代成化二十一年（1485 年），双江的勐库土司派人从易武古茶区引种 200 余粒，在冰岛老寨培育成功了 150 余株茶树。1980 年统计：当地尚存第一批种植的古茶树 30 余株，百年以上古茶园 335 亩，24 232 株。

　　冰岛古茶种子在勐库繁殖，形成勐库大叶茶群体品种。在清乾隆二十六年（1761 年），双江的傣族十一代土司罕木庄发的女儿嫁给顺宁土司，陪嫁的数百斤茶籽在顺宁（凤庆县）繁殖变异后，形成凤庆长叶茶种，成了制作"滇红"茶的优质原料；勐库大叶种传入缅宁（临沧城周边）邦东后，最终形成邦东黑大叶茶种（昔归茶）。

　　冰岛老寨的茶园大多为早朝阳的阳坡，部分属于午朝阳，茶园的坡度较大，坡度大都在 15°~25°。这样的大坡度，形成大量的漫射光，为茶树提供了很好的光合作用，有利于茶树生长。

冰岛老寨的茶树，大多枝繁叶茂，老而不衰，鲜叶、芽头肥壮，墨绿色，叶质肥厚柔软，叶背隆起，叶脉明显，一芽三、四叶还很嫩，这是典型的勐库大叶乔木树。

冰岛老寨的茶地为红壤土，多烂石，土壤矿物质含量高，为冰岛老寨茶树的生长和独特品质的形成提供了天然的物质条件。但该地土壤有机质、全氮、碱解氮、速效钾、速效磷等含量偏低，而交换性镁的含量却比较适中，有助于茶叶中叶绿素和叶绿素a、b，类胡萝卜素等物质的形成，冰岛老寨茶地土壤检测的理化指标如下：

	pH	全氮（g/kg）	碱解氮（mg/kg）	速效磷（mg/kg）	交换性镁（mg/kg）	有机质（g/kg）	速效钾（mg/kg）
冰岛老寨	4.71	1.10	73.23	1.76	35.43	9.97	20.71
参考值	4.5～5.5	>0.75	>60	>5	30～60	>10	>50

（土样检测数据由茶树生物学与资源利用国家重点实验室提供）

第四部分

一个字"贵"

　　说到冰岛古树茶的价格，可谓是价比黄金。短短十年时间，冰岛茶的价格飙升。下面是笔者统计的冰岛普洱茶 2000 年至 2021 年以来的价格表。

年份	春茶价格 （元/公斤）	秋茶价格 （元/公斤）
2000	8	8
2001	10	8
2002	15	10
2003	15	10
2004	20	15
2005	40	30
2006	300	150
2007	500	200
2008	800	400
2009	1200	600
2010	4000	2000
2011	6000	3000
2012	8000	4000
2013	12000	8000
2014	12000	8000
2015	8000	4000
2016	20000	6000
2017	24000	8000
2018	34000	12000
2019	40000	14000
2020	45000	16000
2021	45000	16000

（特别声明：此价格只做参考）

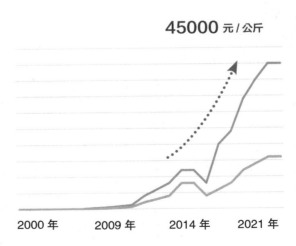

45000 元/公斤

2000 年　　2009 年　　2014 年　　2021 年

第五部分

凉凉的，真冰岛

　　这几年，冰岛老树茶价格飞涨，堪比"金枝玉叶"。很多骨灰级茶友为了喝到真正的冰岛茶，很是下血本，从采摘、摊青、杀青，到揉捻、晒干的每个工序，都坚守在茶旁边，想飞走一片叶子是比登天还难。笔者为了验证冰岛老树茶的真实性，也是豁出去啦，严防死守，直到把茶装上"寻茶孤狐"的坐骑，心才放在肚子里。

　　我们通过多茶样审评，给出了冰岛古树茶的茶评：干茶色泽墨绿，润泽显毫，条索粗大，芽头肥壮；汤色金黄明亮；香气清爽高长；滋味鲜爽醇厚，水细而饱满，涩少苦轻，回甘持久，有明显的冰糖韵，耐冲泡；叶底黄绿明亮，条索清晰。总体感觉是鲜、爽、醇、厚、柔都达到极致，有身心愉悦的清爽感。冰岛茶是生长于云雾高山间的云南大叶种茶树，茶芽肥厚柔嫩，内含物丰富。从检测报告中就可以看出：

检测茶样	含水率 （%）	水浸出物 （%）	咖啡碱 （%）	酯型儿茶素 （%）	游离氨基酸 （%）
冰岛老寨 头春中树	9.34	49.05	3.66	6.09	5.57

（茶样检测数据由茶树生物学与资源利用国家重点实验室提供）

我们还是换个角度来分析这部分数据：

检测内容	检测数值	参考平均值	释义
含水率（%）	9.34	≤ 10	合格
水浸出物（%）	49.05	中等偏高	较醇厚
咖啡碱（%）	3.66	中等偏高	苦感较明显
酯型儿茶素（%）	6.09	非常高	涩感明显
游离氨基酸（%）	5.57	非常高	非常鲜爽

通过数据分析，冰岛老寨茶叶中的游离氨基酸、咖啡碱、水浸出物的含量，共同保障了口感的醇厚度，冰岛茶入口后喉咙部位渐渐会有一丝丝凉气，两颊不断生津，渐渐地从喉部延伸到整个口腔，清清凉凉的，别有味道。其酯型儿茶素在古树茶中是偏高的，虽然茶汤的滋味较强，往往会有涩感，不过冰岛茶的高含量游离氨基酸又使得茶汤化得很快，而且在强烈的回甘中会有一丝凉意。真正的冰岛茶，透着一股明显的冰糖味道，如果没这个味道，再好喝也不是真正的冰岛茶。

普洱帝国——云南普洱24寨

　　据笔者观察：随着冰岛古树茶价格的升温，古茶园里多少存在着过度采摘、管理粗放导致的古茶树损害以及生态的破坏。加之近些年旅游业的繁荣发展，古茶园内人声鼎沸，古茶树的人为破坏也不容忽视。真心希望这片古茶园，永远保有这种冰糖韵，永远让人心神向往。

第九寨　写给婷婷少女的话——致小户赛

独特的甜与净，饮之如遇婷婷少女，回眸一笑，勾魂夺魄。

第一部分
寻茶小户赛

了解勐库茶区的人，基本上知道勐库茶区以南勐河为界，分为东半山和西半山。小户赛位于勐库西半山深处，属于公弄村委会，距离勐库镇约18公里，背靠邦马大雪山。

在勐库西半山古茶园中，小户赛的古树茶最为集中。除冰岛茶之外，它的品质可以说是西半山的典型代表。

去小户赛的路比较陡，而且基本是土路。担任今天驾驶任务的自然是"寻茶孤狐"先生，我们从勐库出发，径直前往小户赛。

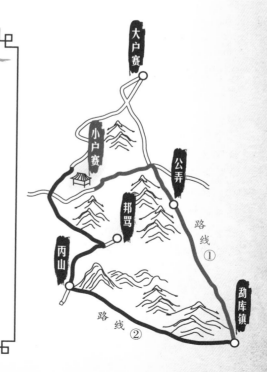

通向小户赛的两种选择

路线①：
沿公弄大寨方向，顺山绕约12公里，一小时左右，全程土路且地势陡峭，平日难行，下雨天则险上加险。
注意：自驾的外访茶客慎行。

路线②：
沿马鹿林、邦骂而上，用时与路线①相差不大，同样土路居多，但是道宽好走，适合自驾的茶客寻访（2017年修路，预计2018年春茶时修通）。

行至邦骂，看见几个采茶工正在路边忙着采茶。"寻茶孤狐"停下车子，与采茶工攀谈起来。据了解，她们自凤庆而来，因为这边的工资高，所以大家都愿意来这边干。听她们讲，每人每天能采二三十斤鲜叶，能挣到 100 块钱。

那本地的茶农为什么不自己采茶呢？我们来分析一下原因：这几年的山头茶，因为独具风味，越来越多爱茶的人开始往产区跑，争相追捧小区域茶的韵味，过去无人知晓的小山村一下成了旅游胜地。本地茶农家都改造成了农家乐，光接待工作就忙得不亦乐乎，采茶这等活儿自然就得请人来做。再说这几年山头茶价格一路飙升，本地的茶农收入越来越高，成本贵点也不是问题。

继续前行，很快就到了小户赛。村口的检查点，拦住了我们的去路。

检查的人员很是仔细，里里外外，角角落落，检查了足足有 5 分钟，就连行李箱中从邦骂带来的一点小样品也都必须暂存检查点。理由很简单，外村外寨的干茶和鲜叶一律不允许进村，为的是保护本村茶叶的纯正性。

如果是第一次进茶山，似乎觉得这种检查很不礼貌，和脑海里云南人的热情好客大相径庭。然而对于茶人来讲，我们很乐意配合，并由衷地赞成。越严苛的检查，表示寨子里的人越重视对原产地茶叶的保护。意识不断提高，茶叶的风味性就会保存得更好，也许这才是对消费者最大的尊重。

第二部分
烹水煮茶

缓步入寨，斑驳的石屋，泥泞的土路，屋旁抽着旱烟袋的老婆婆，还有房前屋后随处可见的古茶树，这个古老的寨子，似乎慢诉着过去的旧话。突然，一句带着浓重口音的呼唤将我的视线拉回，原来是老黑来接我们了。

老黑是拉祜族，一个爱酒也爱茶的汉子，因为皮肤实在是太黑了，我们就这样戏称他。老黑在村里有一个较大规模的初制厂。三两句寒暄之后，我们往他家里走。今天出门早，太阳也不晒，一路上看着漫山遍野的茶树林，吹着小风，看着孩子们在身旁跑跳玩闹，确是一种享受。可爱的孩子能和陌生的我们玩成一片，也许是因为往来的茶客多了吧。

老黑介绍：小户赛的茶地一不打药，二不施化肥，就连农家肥，村民也很少施，完全靠大自然的雨露润泽。

小户赛的家底

小户赛平均海拔接近 2000 米，有 600 多亩古茶园。小户赛的茶树属于勐库大叶种，其中树围超过 1 米，树高超过 5 米，并且成林成片的古茶树至少有 300 亩以上。甚至有十多株古茶树树围都已经超过 150 厘米。无论是面积、古茶树数量，还是古茶树保护程度，小户赛都是勐库地区保存最好的古茶园之一。

笔者对小户赛茶地土壤取样，并进行了检测：

	pH	全氮 （g/kg）	碱解氮 （mg/kg）	速效磷 （mg/kg）	交换性镁 （mg/kg）	有机质 （g/kg）	速效钾 （mg/kg）
小户赛	4.73	1.08	111.89	1.68	34.58	9.74	19.04
参考值	4.5～5.5	>0.75	>60	>5	30～60	>10	>50

（土样检测数据由茶树生物学与资源利用国家重点实验室提供）

数据表明，该地土壤 pH 值适中，比较适合茶树的生长和茶叶品质的提高，但有机质、全氮、速效钾、速效磷等成分的含量较低，其中速效钾含量仅为 19.04 mg/kg，为 24 寨土壤取样中含量最低的，速效磷含量仅为 1.68 mg/kg，在 24 寨中，仅高于南糯山的 1.21 mg/kg。

老黑的初制所今年增加了晒场面积，新加了 3 口炒锅。看来今年老黑是要卯足劲干一场了。今天采的鲜叶正在萎凋，空气中弥漫着清香。老黑家有 5 口人，80 多亩茶地，其中 30 亩古茶树，50 亩中树。除加工自己家茶地的茶，他今年准备多收购些其他家的鲜叶来制茶。老黑说由于今年雨水少，茶树发芽较晚，但是价格却不便宜，比去年上涨了 20% 左右。今年古茶树的鲜叶收购价格每公斤 140 至 200 元不等，树龄大的鲜叶，甚至每公斤要卖到 200 多块钱。

　　小李，是我们来小户赛一定要拜访的人之一。除了做茶认真，小李对小户赛的历史、文化都很了解。小李介绍：小户赛共有三个寨子，两个拉祜族寨（梁子寨和洼子寨），一个汉家寨（以寨），三个寨子连排坐落在勐库大雪山主峰的半腰上。小户赛现有200多户人家，70%是拉祜族。梁子寨和洼子寨离得很近，小户赛面积最大、年代最久的古茶园也大部分在这两个寨，以寨与它们相距约一公里。

听！老人说

　　明朝初年，拉祜族已定居在小户赛，族人淳朴善良，但也保守闭塞，很少与外界沟通，没有自己的文字。清朝光绪前后，汉人慢慢走进这里，帮拉祜族人种地、盖房子、大家和睦相处。小户赛背靠大山，溪流充沛，汉人就在寨子下面的荒坡上开了一些水田。温饱解决了，汉人也想有自己的茶园，所以向拉祜族人送米、送酒换得开山权，在自己住的寨子边开垦出一片坡地，建起了茶园。

第三部分

茶叶价几何?

小户赛 2000 年至 2021 年春秋两季茶叶收购价格统计数据，见下表。

年份	春茶价格 （元/公斤）	秋茶价格 （元/公斤）
2000	8	8
2001	15	10
2002	18	13
2003	25	15
2004	30	20
2005	35	25
2006	60	30
2007	380	160
2008	260	80
2009	300	90
2010	320	160
2011	360	180
2012	380	160
2013	420	180
2014	460	180
2015	600	260
2016	680	260
2017	1200	400
2018	1800	550
2019	2200	650
2020	2200	700
2021	2400	700

（特别声明：此价格只做参考）

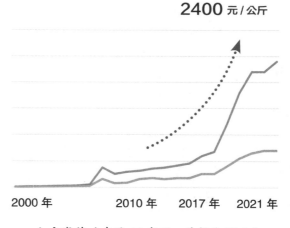

2400 元/公斤

2000 年　　　　　2010 年　　2017 年　　2021 年

小户赛茶叶在这 22 年里，价格翻了又翻。特别是道路畅通后，茶商们到小户赛收茶更加方便。与此同时，小户赛茶的价格也一路飙升，成了除冰岛茶之外价格最高的勐库茶。

　　小户赛以前很落后。记得 2006 年到小户赛，它还属于贫困村，那时村民人均月收入 865 元。2010 年以前，小户赛不通车，到公弄村委会只有人、畜行走的山间小道。2012 年以后，当地才修通了小户赛到公弄村委会的马路。到了 2014 年，前往小户赛的路已经修得很好，茶商们可以直接开车到小户赛收茶。这两年小户赛声名鹊起，也打破了小户赛长期低水平发展的困局，村民走向迅速发展的路途，农民的收入也今非昔比了。但相对冰岛茶来说，小户赛的价格还是更加亲民。

　　所谓福祸相依，小户赛古茶园能留下来与它的交通不便有很大的关系。河水阻道让小户赛福祸皆得，滚岗河、茶山河这两条河，一左一右一前一后将小户赛的三个寨子隔在中间，每逢下雨，河水流量加大，很难进寨。两条河的阻挡减慢了小户赛老茶园改造的速度，同时也造就了小户赛古树茶的独特品质。

第四部分

婷婷少女小户赛

闲话少叙，赶紧让小李拿来今年的新茶，煮水开汤。

经过多样对比，笔者给出小户赛古树茶的茶评：干茶色泽墨绿显毫，条索壮实；汤色黄绿清亮；香气高锐，有花香；滋味醇厚，微有苦涩感，回甘快。总体感觉是茶汤饱满滑顺。

小户赛与冰岛老寨同在西半山，但两村间只有山间小路相连，只能徒步穿越，不能行车。如果驱车从小户赛到冰岛老寨，必须先下到南勐路上，然后再从南勐路上到冰岛老寨。其实小户赛与冰岛老寨的直线距离非常近，距离这么近的两个地方的两款茶，有什么不一样的地方呢？我们来看看小户赛头春古树的内含物：

检测茶样	含水率 （%）	水浸出物 （%）	咖啡碱 （%）	酯型儿茶素 （%）	游离氨基酸 （%）
小户赛 头春古树	9.41	49.36	3.71	5.52	5.24
冰岛老寨 头春中树	8.42	49.55	3.38	4.91	5.62

（茶样检测数据由茶树生物学与资源利用国家重点实验室提供）

根据内含物的含量，我们能读懂些什么呢？我们不妨把上面的表格改一改格式：

检测内容	检测数值	参考平均值	释义
含水率（%）	9.41	≤ 10	合格
水浸出物 （%）	49.36	中等较高	醇厚较明显
咖啡碱（%）	3.71	明显高	苦感明显
酯型儿茶素 （%）	5.52	非常高	涩感非常明显
游离氨基酸 （%）	5.57	中等较高	鲜爽较明显

通过分析数据我们可以发现：小户赛茶内含物的含量与比例非常接近冰岛老寨茶，但游离氨基酸含量明显低于冰岛老寨茶。小户赛茶，香气、甜度与冰岛茶相似，也同样有冰糖韵，但是小户赛茶辨识度很高，与冰岛茶相比，比冰岛茶偏苦、偏涩，冰糖韵不如冰岛茶足。小户赛的茶饱满滑顺，齿频留香；水细茶甜，香扬水柔。有茶友形容品饮小户赛的茶，似佳人回眸一笑，勾魂夺魄。它独特的甜与净，饮之如遇婷婷少女，一见难忘。

真心祝愿小户赛的600亩古茶园的茶叶茁壮成长！

第十寨　水注香起——正气塘

昔年瘴气塘，而今冰岛香；
前人栽古树，后辈饮茶汤；
但令无剪伐，世世福绵长。

第一部分

了解正气塘

正气塘隶属于云南省临沧市勐库镇那赛村委会，位于勐库镇东边，距离村委会5公里，距离镇政府25公里。

几年前听到正气塘，笔者便一下子记住了这个大气的名字。

正气塘是勐库镇最边上的一个寨子，从临沧到勐库必须经过它。正气塘守在国道214边上。历史上曾是双江茶叶进入博尚，进而远走思普的重要站点。因此正气塘的茶叶自清朝起就闻名于世，作为勐库东半山的代表品种而被汉族茶商熟知。

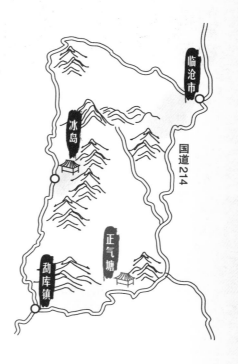

正气塘概况

土地面积		0.46平方公里，属于山区
茶山海拔		1900米左右
年平均气温		22℃
年降雨量		1200毫米
常住人口		汉族寨，有四十几户人家，近200人

　　现在通往寨子的是一条弯曲的土路，因为路很窄，很不起眼，又没有入村的标志，所以很容易错过。不过最近村口建了一个正气塘初制所，这条路也就明显多了。进村的路途虽然很短，但因为路面坑洼不平，所以开车也要十几分钟。

　　正气塘的村寨依山而建，而且三面环山。

　　村支书李书记也是个爱茶之人，介绍起村里的茶园情况，眉飞色舞，眼睛冒光，真有点王婆卖瓜的意思：村寨的自然环境很好，村里也有规定，对于茶树和农作物，不许打农药，不许施化肥。寨子的主要产业为茶叶种植、生产，目前有12家初制所，正在大力发展勐库大叶种茶这一特色产业。

第二部分
曾经的正气塘

有诗句这样描述正气塘:"昔年瘴气塘,而今冰岛香;前人栽古树,后辈饮茶汤;但令无剪伐,世世福绵长。"据村子里年长的人说,正气塘原来并不是汉族寨子,也不叫作正气塘。这个寨子,很早很早以前是拉祜族建的。1903 年,双江爆发以拉祜族为主的大规模农民起义,当时的双江县长彭琨,带兵进剿,把大营就扎在这个位于古驿道旁的拉祜族寨子,当时这里还叫作"瘴气塘"。传说寨中有大水塘,塘中藏有大黑蟒,天阴时那大蟒常吐黑雾呼出瘴气,染者多毙。彭琨来后为振王师之气,遂改其名为正气塘。

彭琨来正气塘扎营之前,拉祜人已经在此种下了许多茶树。这些茶树至今还留有几十亩,茶树的主干已长得比大碗口还粗。起义被镇压后,拉祜族迁走,汉族人迁进来,成为一个汉族寨子。此后,村民常与内地汉族茶商来往,勐库东半山的茶也逐渐声名鹊起。

第三部分
正气塘古茶园

正气塘古茶园虽说是三山环抱，可海拔并不低，每天沐浴阳光雨露，浸润迷蒙烟雨。四季交替，云雾笼罩，日照充足，非常适合茶树生长。拉祜人种植的茶树树龄估计在两三百年，20世纪90年代茶树台刘过。目前古茶树长势茂盛，树冠展开，叶密且多绒毛，茶树俊秀挺拔。正气塘茶地海拔都在1900米左右，在东半山上可谓独树一帜。身在寨中，放眼望去，整个勐库镇映入眼帘，有一览众山小的感觉！

同样的，我们对正气塘茶地土壤也进行了检测，结果见下表：

	pH	全氮 （g/kg）	碱解氮 （mg/kg）	速效磷 （mg/kg）	交换性镁 （mg/kg）	有机质 （g/kg）	速效钾 （mg/kg）
正气塘	4.99	1.05	60.48	2.54	28.34	7.25	27.64
参考值	4.5 ~ 5.5	>0.75	>60	>5	30 ~ 60	>10	>50

（土样检测数据由茶树生物学与资源利用国家重点实验室提供）

数据表明，该土壤呈酸性，pH值适中，比较适合茶树的生长，有机质、全氮、碱解氮含量较低，其中碱解氮含量为60.48 mg/kg，在24寨中仅高于薄荷塘。建议广辟肥料来源，采取堆（沤）肥、秸秆覆盖、套种绿肥、增施有机肥等多种措施，提高土壤质量，实现当地茶叶生产的优质、高产、高效。

正气塘茶的采养方式

正气塘茶大多属于藤条茶，陈宗懋《中国茶业大辞典》里介绍了此种采养方式，叫作"留顶养标"。

定义：除枝条顶端新梢外，其他侧枝所有芽和新叶全部采净的手工采茶方式。

好处：能够促进茶树长高，而且分枝极少，每批大部分新梢接近成熟时开采，采摘批次少，采下的新梢较为肥壮。

第四部分
看茶有妙招

　　因为走去老赵家要一段时间，路上无事"寻茶孤狐"便吹起了牛："寨子里这么多家都在做茶，怎么才能迅速地知道哪家茶做得好，怎么才能迅速找到本村的制茶高手呢？ 我有两大招，即两看。一看规模，规模越大，做的茶越多，做的茶越多越有经验，越能做出好茶来；二看细节，细节处理越干净，越整齐，说明做茶的活儿越细，越出好茶。"虽说这种说法不全面，但也是有些道理的。

　　来到老赵的初制厂，发现他翻盖了房子，还扩建了晒茶房。看来去年做的那 400 公斤干茶，收益不错。

老赵说，去年春茶大树茶的鲜叶每公斤价格在 120~160 元。今年的春茶，相比去年来得晚一些。勐库茶区，因为茶树普遍处在高海拔区，加之树龄普遍偏大，每年本就比其他茶区来得晚。再加上去年冬天、今年春天持续干旱少雨，造成春茶发芽更晚。今年的头春茶就来得更慢了一些。

对这种情况，茶农普遍是喜忧参半。喜的是，春茶醒来得越晚，按照经验来说，茶质就会越丰富，口感比往年更好；忧的是，发得晚会使茶叶减产，茶价有所上涨，无法避免。据老赵说今年春茶大树的鲜叶每公斤估计在 160~200 元。

笔者统计了正气塘 22 年的价格，看看正气塘的茶价发生了多大的变化。2000 年至2021 年正气塘春秋两季古树茶收购价格统计数据见下表。

年份	春茶价格 （元/公斤）	秋茶价格 （元/公斤）
2000	8	8
2001	15	10
2002	18	13
2003	25	15
2004	30	20
2005	35	25
2006	60	30
2007	380	160
2008	260	80
2009	300	90
2010	320	160
2011	360	180
2012	380	160
2013	420	180
2014	500	200
2015	600	260
2016	650	260
2017	1200	300
2018	1400	350
2019	1600	380
2020	1600	380
2021	1600	380

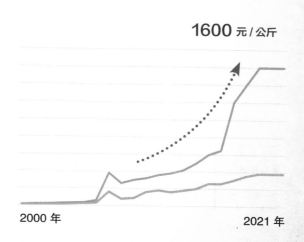

1600 元/公斤

2000 年　　　2021 年

（特别声明：此价格只做参考）

第五部分
品味正气塘

正气塘茶在圈内，有"小冰岛"之称，是勐库东半山古树茶的杰出代表。说其撑起勐库东半山，一点不夸张。跑茶山一天，终于有时间坐下来泡壶茶，尽管这老胳膊老腿的有些"疲软"，但当茶叶入壶，水注香起的刹那，满身的疲惫一扫而光。突然想起《茶经》里的一段话："若热渴、凝闷、脑疼、目涩、四支烦、百节不舒，聊四五啜，与醍醐、甘露抗衡也。"

通过多家采样对比，笔者给出正气塘古树茶的茶评：干茶色泽乌润多毫；香气清鲜而持久；滋味鲜爽而饱满，回甘明显。总体感觉是，注水起茶香，清鲜而高长，滋味与冰岛老寨茶相比，协调性稍差些。

正气塘虽然守在国道214边上，但是海拔并不低，茶地的海拔都在1900米左右。相比起一味地语言描述，笔者更喜欢用数据说话，所以对冰岛老寨和正气塘头春中树茶的内含物进行了比较。从数据分析，正气塘茶内含物的含量与比例非常接近冰岛老寨茶。所以，就不难理解很多茶友将正气塘茶称作"小冰岛"了。

检测茶样	含水率（%）	水浸出物（%）	咖啡碱（%）	酯型儿茶素（%）	游离氨基酸（%）
正气塘头春中树茶	9.29	48.28	3.73	5.69	6.67
冰岛老寨头春中树茶	8.42	49.55	3.38	4.91	5.62

（茶样检测数据由茶树生物学与资源利用国家重点实验室提供）

根据内含物的含量，结合、参考平均值，我们可以从数据里得到正气塘茶品饮上的品质特点。

检测内容	检测数值	参考平均值	释义
含水率（%）	9.29	≤ 10	合格
水浸出物（%）	48.28	中等	醇厚
咖啡碱（%）	3.73	明显高	苦感明显
酯型儿茶素（%）	5.69	非常高	涩感非常明显
游离氨基酸（%）	6.67	非常高	鲜爽非常明显

可以发现，正气塘头春古树茶水浸出率48.28%属于中等水平，给人醇厚的口感，咖啡碱含量3.73%、酯型儿茶素含量5.69%共同决定了茶汤的苦干和涩感，游离氨基酸含量非常高，达到了6.67%，使茶汤鲜爽感非常明显。所以正气塘茶评里就有这么一句：香气清鲜而持久；滋味鲜爽而饱满。

2017年的茶树发芽晚些，较长的生长期，让茶树吸收了更多的天地精华。品尝下来就会觉得更加厚重，有不错的茶气和喉韵。就像那首诗说的，前人栽茶树，后辈饮茶汤。祝福生活在这片土地的人们，永远幸福安康，如这里的茶一样，馥郁而甘甜！

第十一寨　忙肺大叶种的故乡——忙肺

忙肺茶，香似冰岛，甜似易武，韵似昔归，茶味独特，别有一番风骨。

第一部分
初识忙肺山

　　和"寻茶孤狐"到永德县的第二天便锁定了下一站——忙肺。忙肺自然村隶属于云南省临沧市永德县勐板乡忙肺村委会，坐落于彩云之南、波涛汹涌的怒江山麓，属于山区。东邻勐板村，西南邻镇康县，北邻水成村。

　　从永德县城去忙肺村，在导航上显示有43.3公里，用时1小时54分钟。按照导航的指引，我们"幸运"地多欣赏了两个小时的美景。这两个小时的冤枉路和这几天的跑山经验告诉我们，在这里绝不能盲从导航。我和"寻茶孤狐"顿悟：有时候高科技不如嘴勤快。

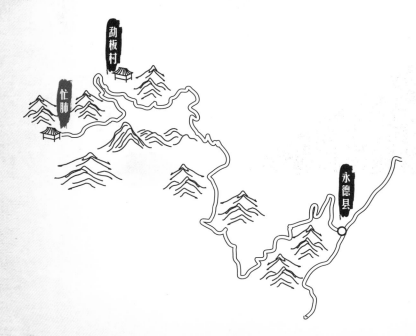

认 识 忙 肺

土地面积		5.16 平方公里
茶山海拔		1380 米
年平均气温		18.7 ℃，日照足、湿度大
年降水量		1500 毫米
常住人口		忙肺行政村有 500 多户人家，4 个自然村，11 个村民小组，忙肺本村有村民 200 多户，汉族 80 %，佤族 20%
茶叶品种		忙肺茶品质优良，被云南省茶科所评为省级优良品种，命名为"勐板忙肺大叶群体种"

嘴勤快确实也是有好处的，我们在勐板乡"捡到"两位忙肺村的美女小鲁和小李。小鲁嫁到了忙肺村，目前在乡卫生院做护士，今日休息回家帮忙做茶。小李本是忙肺村人，嫁到了乡上，今天和小鲁结伴回娘家帮忙。每年这个季节正是全村忙着做春茶的时候，村里车来车往，非常热闹。

忙肺村最显著的标志，就是村口的几棵大树，当地人把它们叫作"大青树"。小李说，她奶奶小的时候，这树就已经这么粗了。

忙肺村村口的大青树

送走两位美女，我们即刻拜访了师兄王汉文和好友临沧"老茶树"介绍的几家茶农。

其中茶农李大哥家有5口人，8亩茶地，大茶树、中小树各4亩。今年的雨水少，所以茶树发芽晚些，现在采的主要是中小树。据李大哥介绍，明末清初时，马帮从双江引入勐库大叶种，由于忙肺独特的气候和土壤条件，使得茶树品质发生了变化，20世纪80年代被云南省农科院茶叶研究所确定为忙肺大叶种。

李大哥做茶多年，讲起茶来，也是头头是道：先说采茶吧，要求力度、速度、准确度三者完美的协调与掌握，这样采的茶才标准统一，效率才高，这是多年采茶经验的积累。鲜叶采摘后要及时进行干燥处理，一分一毫都马虎不得。看着认真做茶的李大哥，心中无比欣慰，真希望云南有更多以匠心对茶的"李大哥"。

忙肺茶园中的李大哥和茶

第二部分

忙肺茶滋味

　　对忙肺山最知根知底的人，非老瞿莫属了，要想读懂忙肺茶，得找他。老瞿是个热心肠，解疑答惑非常有耐心。谈到忙肺茶的特点，老瞿透露，忙肺茶地按照海拔分为三个片区：下片区，海拔在1300米以下，主要在大水塘、曼栏杆等地，口感偏薄；上片区，海拔在1400米以上，主要是尖山，口感偏涩；中片区，海拔在1300~1400米，此区间茶地最多，口感也最具代表性。

　　经过多个茶样的品鉴对比，笔者给出忙肺古树茶的茶评：干茶外形乌润显白毫，条索紧结舒展；香气高扬，有花香；汤色黄绿明亮；口感鲜爽厚重，微有涩感，舌底生津；叶底墨绿柔软。忙肺古树茶的总体感觉是滋味厚，茶气足。

对照着审评结果，我们来分析一下忙肺古树茶的内含物。

检测茶样	含水率（%）	水浸出物（%）	咖啡碱（%）	酯型儿茶素（%）	游离氨基酸（%）
忙肺古树茶	8.88	47.04	3.97	6.73	5.93

（茶样检测数据由茶树生物学与资源利用国家重点实验室提供）

检测内容	检测数值	参考平均值	释义
含水率（%）	8.88	≤ 10	合格
水浸出物（%）	47.04	中等	醇厚
咖啡碱（%）	3.97	非常高	苦感非常明显
酯型儿茶素（%）	6.73	非常高	涩感非常明显
游离氨基酸（%）	5.93	明显高	鲜爽度明显

通过数据分析，忙肺茶确实是大叶种中品质较高的茶。3.97%的咖啡碱含量，47.04%的水浸出物，再加上6.73%的酯型儿茶素，使茶汤有很好的浓度，茶气很足。5.93%的游离氨基酸，使得茶汤在品饮时，虽有明显的苦涩味，但回甘好、生津快。

一直好奇于忙肺茶滋味形成的原因，这次终于有了收获，总结一下：

第一是气候条件好。常言道："高山云雾出好茶。"忙肺茶园西靠高高隆起的忙肺大山，雨量充沛，日照时间长。茶园东南角有森林数千亩，植被丰富，生态环境良好。

第二是土壤适宜。忙肺茶园的土壤以黄沙泥土为主。土壤肥沃深厚，适合茶树根系的生长，加上这里的茶树大多沿坡而栽，没有积水。下面谈一谈忙肺山茶地土壤检测的理化指标：

地点	pH	全氮 （g/kg）	碱解氮 （mg/kg）	速效磷 （mg/kg）	交换性镁 （mg/kg）	有机质 （g/kg）	速效钾 （mg/kg）
忙肺	4.9	2.67	157.3	6.75	24.96	27.54	143.3
参考值	4.5～5.5	>0.75	>60	>5	30～60	>10	>50

（土样检测数据由茶树生物学与资源利用国家重点实验室提供）

这些数据表明，忙肺山茶地是酸性土壤，速效钾、碱解氮含量偏高。另外有机质含量高于 10 g/kg 的土壤，一般结构性较好，土质肥沃，通气、保水、保肥的能力比较强，并对酸碱性有一定的缓冲能力。

第三是生态环保。茶叶是山区农民的经济支柱，忙肺村又是典型的山区。山高路险，不便于机械耕运，耕作和运输只能靠牛耕，马驮。牛、马的粪便是上好的有机肥，这些畜肥一部分施给了粮食作物，一部分施在了茶园。不施化肥，不打化学农药的忙肺古茶，保持了原生态的品质，纯天然、无污染，质纯味真。

第四是巧借小绿叶蝉的喜好，变坏为好。早在一百多年前，印度的茶叶专家就指出，小绿叶蝉虽然会给茶树的生长带来灾难，但适当的噬食，反而会给茶叶的香气带来意想不到的好处。忙肺山古茶园的管理者们不用化学农药，只靠天敌与病虫之间的生态平衡来控制病虫害，保持有一定数量的小绿叶蝉存活，从而使忙肺茶达到更加独特的品鉴效果。

在考察过程中，笔者也发现一些加工问题。比如杀青温度掌握不好，有的茶农家杀青温度过高，容易出焦味；有的杀青温度过低，有青气，花香出不来。还有一个普遍问题，就是上一锅的锅底清理不干净，导致汤底不清亮，有杂质。

第三部分
忙肺茶价

在老瞿的帮助下，笔者统计了忙肺茶22年来春秋两季茶叶的收购价格，见下表。

年份	春茶价格 （元/公斤）	秋茶价格 （元/公斤）
2000	6	6
2001	8	8
2002	9	8
2003	12	10
2004	18	13
2005	22	18
2006	30	20
2007	60	40
2008	48	30
2009	46	30
2010	50	44
2011	58	48
2012	68	50
2013	98	75
2014	140	90
2015	180	100
2016	360	200
2017	400	200
2018	600	220
2019	700	240
2020	750	240
2021	750	240

（特别声明：此价格只做参考）

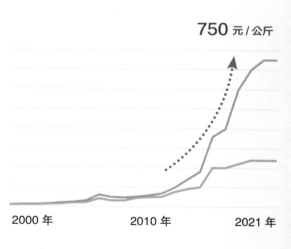

750 元/公斤

2000 年　　　　　2010 年　　　2021 年

在临沧的普洱茶里，忙肺茶的性价比很高，可以说非常亲民了。2017 年忙肺春茶的收购价格才达到 400 元/公斤，但是同年的冰岛春茶已经飙到 24 000 元/公斤，冰岛秋茶也卖到每公斤 8000 元。虽不如冰岛茶独占鳌头，有"茶后"之称，但忙肺茶，香似冰岛，甜似易武，韵似昔归，茶味独特，别有一番风骨。

第四部分

忙肺的由来

　　每进入一个寨子，笔者喜欢拜见年岁较大的长者，陪他们坐着聊聊天，听听他们的故事。老人们口中的忙肺大致有两种传说。

　　很久以前勐板有三个要好的男子，一同前往缅甸种大烟。由于缅甸气候干燥，加上吸入大量的尘土和毒气，其中一人患上了肺结核。不久另外两人也相继染上此病，只好返回家乡。没想到被同寨人强令安置到荒无人烟的大尖山脚下，三人只好搭个简易的棚子住下来，开始艰难的生活。他们养鸡、养猪并将一些野茶树移植到房前屋后种下来。因为病情加重，原来爱抽烟、喝冷水的习惯不得不放弃，改为采房前屋后的野茶来煮水喝。没想到，他们竟然日见好转。死神的松手，使他们意识到这些野茶的作用。因此，他们不仅坚持天天喝茶，而且还加大剂量，最后竟完全康复了。为感谢茶神的帮助，同时也为了纪念这一特殊的历史事件，村民们将"大尖山寨"更名为"喝茶，治好肺结核病的寨子"，即为"忙肺"。这是第一种传说。

　　另一种传说与忙肺的名称由来有关。传说"忙肺"起源于对"肥"与"肺"的意换。从前，忙肺的主人是崩龙族，由于这里的土壤特别肥沃，所产的茶叶不仅色、香、味俱佳，而且芽叶肥厚硕壮，深得人们的青睐。市场上出现这么优质的茶叶，买家都想知道是哪里所产，一问才知道是"大尖山脚下有个大平掌，最肥的那个地方"的。"忙"方言为"最"。为便以称呼和记忆，就把它简称为"忙肥"。

　　后来有个风水先生，拿着罗盘为富贵人家找宝地，来到了忙肺。他东瞧瞧，西看看，然后说：著名的地理学者徐霞客几乎找遍整个云南，就是找不到"春城"的核心。山那面有座巍峨雄壮的堂棠山好似一个"胆"，向南北纵横的山好似一副"肝"。居住在"胆"和"肝"山脚下的人们自豪地将他们的地名称呼为"德党"（得胆）和"忙肝"（最好的肝）。"肝"和"肺"是邻居，这里地理环境这么好，土地这么肥沃，所产的茶叶不仅口感好，还有清肺抑火明目之功效，这里就应该是地球的"肺"了。经风水先生这么一说，大家一传十，十传百都认为这位风水先生解释得好，于是就将"忙肥"更名为"忙肺"。

　　无论源于什么，忙肺这片土地，与茶总是紧紧相连的。茶树带给这个地方历史，也将带它去向远方。忙肺茶终究会走出永德的大山，走向世界。

　　小付自小随母亲做茶，炒得一手好茶，结婚后不久就凭自己的努力建起了三层小楼。在小付家简单用过晚饭，映着晚霞，告别大青树，出发前往下一站——耿马。看一下表，已近晚上七点，220公里的转山路，希望明天第一时间遇见耿马。

第十二寨　一帘幽香——那罕

希望那罕，这个独特的茶寨，像寨中的茶树一样，少而精，永远珍贵，幽香悠长！

第一部分

那罕在哪

那罕属于临沧市临翔区邦东乡曼岗行政村，距离村委会 4 公里，距离乡政府 16 公里。海拔 1300 米左右，年平均气温 24 ℃，年降水量 1500 毫米。该村农户近 50 户，人口近 200 人。

邦东乡位于临翔区东部，全乡辖 7 个村民委员会，67 个村民小组（自然村）。7 个村委会分别是：邦包、璋珍、团山、和平、卫平、邦东、曼岗。邦东乡年平均气温 17 ℃，年降雨量为 1200 毫米，年日照时数 2115 小时，全年霜期 340 天，是临沧市临翔区的一个主产茶区。根据虞富莲教授的研究，当地有大量的散生栽培的大茶树，树龄多在百年以内，主产红茶和晒青茶。其中以"昔归茶"和"那罕茶"最为著名。

邦东那罕概况

土地面积		2.99 平方公里
茶山海拔		1300 米
年平均气温		24 ℃
年降水量		1500 毫米
常住人口		该村农户近 50 户，人口近 200 人，汉族为主。那罕隶属于临沧邦东乡曼岗行政村。曼岗有 6 个组，那罕是其中之一

　　那罕隶属于临沧邦东乡曼岗行政村。曼岗有6个组，那罕是其中之一，它地处邦东至云县等地的茶马古道旁，东南连接昔归忙麓山，北与小曼岗接壤。

　　常年奔走于各个茶山，云南的各个山头就像是许久见一次的老朋友，每多一次造访就多一份亲切，当然也多一些了解。今天，笔者驱车从临沧市出发，途经马台乡，全程行驶近80公里，到达那罕用时3个半小时左右。那罕距离昔归二十几公里，开车一个小时左右。所以，要是您来邦东，昔归、那罕都想转转，最好是住一宿，第二天再回临沧。

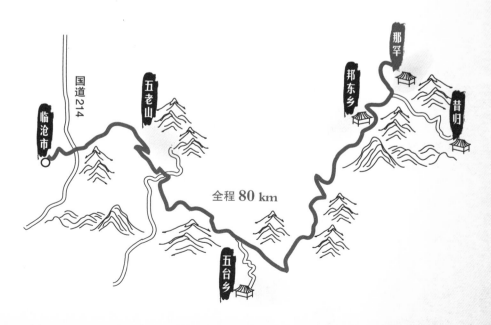

第二部分
红壤岩石茶

小李是汉族，小李的妻子是哈尼族，二人青梅竹马。小李常自豪地说："我们那小子是个'混血儿'呢！"在和小李的畅聊中，我们更加深入地了解了那罕这片美丽的土地。

那罕茶叶属云南大叶种茶，树为铁干银枝乔木型，树龄大多在300年以上，而且那罕古茶树不多，棵棵珍贵。在清朝道光和咸丰年间，那罕茶连续十二年被送往京城作为贡茶。因为茶量小而精，被誉为茶魁之首。

据小李介绍，传统的那罕茶区主要分三片：那罕大沟片区，这一片区茶产量约占那罕茶的2/5；那罕和小曼岗交界处，茶产量也略占2/5，这一片全都是百年以上的老茶树；下那罕和其他片区的零星茶树产量约占1/5。

临沧境内的那罕茶山面南背北，与澜沧江直线距离约为2公里。那罕茶山为红壤砾土，伴粉砂质泥岩。笔者将那罕茶地土壤送检并得到了它的理化指标，见下表：

	pH	全氮（g/kg）	碱解氮（mg/kg）	速效磷（mg/kg）	交换性镁（mg/kg）	有机质（g/kg）	速效钾（mg/kg）
那罕	4.88	1.28	81.65	5.74	16.38	13.31	26.78
参考值	4.5 ~ 5.5	>0.75	>60	>5	30 ~ 60	>10	>50

（土样检测数据由茶树生物学与资源利用国家重点实验室提供）

检测结果表明，土壤 pH 值适中，比较适合茶树的生长和品质的提升，除全氮含量和碱解氮含量偏低外，其他成分都比较适中。总体而言，那罕茶山的土壤基本条件还不错。

老王喜欢茶，因为做茶的态度认真，和笔者成了朋友。老王说，那罕茶是岩石茶。开始笔者还没闹明白"什么叫岩石茶"，但马上想到了据此不远的马台乡的岩茶，难道说那罕的茶地也是多岩石吗？等到了老王的茶地一看，果不其然，这里的茶地多碎石。《茶经》上说："其地，上者生烂石，中者生砾壤，下者生黄土。"所以那罕茶可以说是茶中上者了。

那罕位于山顶上，有着得天独厚的生态环境。浓浓的云雾像蘑菇一样把整个山头罩住，使它自然具备高山云雾茶滋味醇厚的特色。那罕古茶树每天日照长达十余小时，高温多雨、湿热同季的特点，使土壤的风化和成土作用均甚强烈，茶树有益物质的循环十分迅速。这些老茶树历经沧桑，沐浴在云雾和漫射的日照中，因雨露湿度大，所产茶叶叶片秀长，墨绿油润，并有着郁郁的兰香，被称为"那罕兰香"，让人回味无穷。

第三部分

十年那罕茶叶价格

　　老王拉着笔者参观了他新建的初制所，专业的规划设计实在让人吃惊。老王介绍，那罕的古树茶有一百多亩，树龄以100~200年的大树茶为主，小树很少。那罕古树茶区每年产毛茶大概4吨，其中春茶约占一半。

　　老王的初制所位于上那罕的一个山坡上，他指着远方向我们介绍。对面的山属于云县，右边的山属于普洱市，那罕在三地的交界处。由于那罕地处偏远，今春的茶叶价格和去年春茶相差不大。今春古树鲜叶每公斤200元左右，大树茶鲜叶每公斤在140元左右，小树茶鲜叶每公斤60元左右。老王说，这样的价格，他已经很满足了，干起活儿来可带劲了，希望这样幸福的日子可以一直持续下去。

笔者统计了 2000 年至 2021 年那罕春秋两季古树茶收购价格，数据见下表。

年份	春茶价格 （元 / 公斤）	秋茶价格 （元 / 公斤）
2000	8	8
2001	10	8
2002	15	13
2003	40	30
2004	50	40
2005	50	40
2006	60	50
2007	260	100
2008	120	80
2009	280	90
2010	360	120
2011	400	150
2012	500	160
2013	500	180
2014	600	200
2015	600	220
2016	650	240
2017	650	260
2018	700	280
2019	800	300
2020	800	300
2021	800	300

（特别声明: 此价格只做参考）

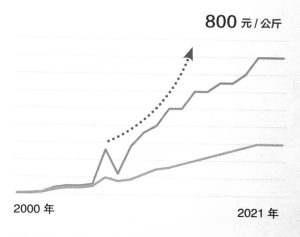

800 元 / 公斤

2000 年　　　　　　　　　　　　2021 年

第四部分

恋恋不舍的那罕

　　这次来那罕，时间安排比较充裕，所以笔者决定去茶地转一转。一路爬山有些口渴，老王顺手摘了几颗果子塞到我们手里，说这种果子很解渴。这种水果当地人叫橄榄。必须交代一下：橄榄是临沧地区盛产的一种"水果"，水果之所以加了引号，是因为不知道管它叫水果好呢，还是叫药材好呢？笔者为啥这样犯难呢？因为此果入口，酸、涩、苦难耐，基本上是一入口，马上就想吐掉的那种，但随之而来的是持续的回甘和生津。用"寻茶孤狐"先生的话讲：如果你恨他，就给他吃临沧橄榄；如果你爱他，也给他吃临沧橄榄。那罕古树茶属于邦东黑大叶茶，老王说，喝那罕茶就像吃橄榄，入口时难咽，但回甘好。吃上一口，就恋恋不忘。

　　那罕茶园和昔归茶园同是澜沧江边的古茶园，山水相连、茶气相通、品质相近。如今那罕茶毫不逊色，在邦东茶区的茶叶品质仅次于昔归，而且后发优势逐渐彰显。因此我们将两者的检测数据放在一起进行比较分析。

检测茶样	含水率 (%)	水浸出物 (%)	咖啡碱 (%)	酯型儿茶素 (%)	游离氨基酸 (%)
昔归忙麓山头春古树茶	9.87	45.64	3.24	5.03	5.55
邦东那罕头春古树茶	9.14	45.94	3.19	4.36	4.67

（茶样检测数据由茶树生物学与资源利用国家重点实验室提供）

通过数据对比，那罕和昔归的水浸出物和咖啡碱含量都相差不大，但是昔归茶的酯型儿茶素和游离氨基酸都明显更加丰富。这就使得两款茶入口时区别不明显，茶气相近，但是那罕茶的霸气不足，也无昔归茶的细滑柔顺之感。

通过多茶样对比，我们给出那罕的茶评：干茶色泽乌绿油润，条索细长；香气高扬，有兰香或菌香；茶汤入口苦感较低，回甘快而且持久。总体印象是香高味浓，回甘持久，所以笔者用"一帘幽香"来形容那罕。

品完了这"一帘幽香"，别过老朋友，我们也该踏上去下一个山头的旅程了。希望那罕，这个独特的茶寨，像寨中的茶树一样，少而精，永远珍贵，幽香悠长！

第十三寨 昔归忙麓山——我看好你

头顶大雪山，脚踏澜沧江。它是低海拔茶山的珍宝！

第一部分
行走昔归

　　从临沧驱车前往昔归，大约90公里，基本上是硬化路和石子路。根据以往的跑山经验，我们还是先去超市，备好挂面、方便面、火腿肠等食物。去昔归走的基本是转山路，因为正在修高速公路，遇到不少拉水泥和石子的大卡车。

　　路过马台乡，一块牌子吸引了"寻茶狐狸"，上面写有"云南岩茶之乡"的字样。我们下车查看土质，基本算是红壤土，多烂石，可能这里也在追逐"岩谷花香"吧。我喝过这里的茶，新茶很好，有独特的韵味，当地人把它叫作岩韵，但缺点是过段时间这种香韵会减弱，不像武夷山的岩茶，有三四道焙火工艺，能固香。

　　途中遇上茶地里干活的母子俩，问起这里的茶为何要嫁接。他们说，这里的老品种是二三十年前种的，卖不上价，所以要台刈，嫁接景谷大白。一路想着辛勤的母子俩，感慨颇多。嫁接后，等到盛产期，又要好几年。接下来的几年茶市将如何变化呢，景谷大白是否还好卖呢，但愿母子的辛苦没有白费。

　　来到昔归村，首先拜访临沧"老茶树"先生介绍的小苏。到达时已将近下午两点，早已错过了苏家的午饭。这难不倒我们，撸起袖子，开始烧水煮面。看我们熟练地操作，惊坏了旁边的主人——小苏。小苏觉得特别不好意思，我们安慰他：没事，没事，常年跑山，我们早就习惯自己煮饭了。我们的"寻茶孤狐"先生动作更是麻利，煮好面捞上一盆儿就吃，一改往日的绅士风范。看来绅士也怕饿。

第二部分

昔归忙麓山——低海拔的一朵奇葩

饭后闲聊，听小苏讲述起了老一辈人和他讲过的故事。昔归，傣语音译为搓麻绳的地方。早些年间的茶马古道就经过此地，渡口渡船、马帮来此收购茶叶，都需要大量的麻绳，因而就把这搓麻绳的地方喊作了昔归，而这地方所产之茶也就被称为昔归茶了。

昔归村隶属于云南省临沧市临翔区邦东乡邦东行政村，距离村委会12公里，距离乡政府16公里，海拔950米左右，年平均气温21℃，年降水量1200毫米。

昔 归 概 况

土地面积		4平方公里
茶山海拔		950米
年平均气温		21℃
年降水量		1200毫米
地理位置		昔归村位于云南省临沧市临翔区邦东乡，距邦东乡政府16公里，离村委会12公里

小苏介绍，昔归村有 60 多户人家，全村 200 多人，以汉族、傣族为主。原先的村子距澜沧江只有几百米，存在水灾隐患，同时也为了更好地保护古茶园，村民已经全部搬到昔归新村居住。新村由政府出资建在远离澜沧江的昔归山半山腰上，都是独栋小别墅，老村的宅子大多改成了初制所。从昔归古茶园步行到昔归老寨大约需要 20 分钟，昔归新村要离得更远一些。所以，每到采茶、制茶时节，很多村民仍会回到昔归老寨居住一阵子。

对于我们的拜访，小苏很高兴，特意邀请我们到新建的合作社去看一看。合作社建得很气派，虽地处高原，却有江南水乡的风格。小苏说："昔归离临沧远，又偏僻，每年春秋两季各地茶友来得多，住宿、吃饭都成了大问题。像你们跑了这么远的路，到家就吃碗面条，我心里很是过意不去。所以，我把这几年卖茶所攒下的钱全拿出来，修了一个茶人之家，既能做茶，又能方便大家吃、住，让各地来的茶友不那么辛苦。"我们问他，钱都建了房子，后面的生活咋办。小苏笑着说："不怕，有茶就有未来！"

昔归的古茶园主要在忙麓山上，忙麓山是临沧大雪山向东延伸靠近澜沧江的一部分，背靠昔归山，向东延伸至澜沧江，山脚便是归西渡口（原嘎里古渡）。"头顶大雪山，脚踏澜沧江"，便是昔归古茶园最真实的写照。

忙麓山的海拔比昔归村高了约 950 米。在云南，这样的海拔不算高。不是说，高山出好茶吗？那昔归茶怎么就收获了那么多人的芳心呢？事实上，忙麓山位于澜沧江边上，而这里正是古树茶的主要集中地。昔归古茶园属低河谷气候，降水量、气温终年稳定，打造了一个独特的生长环境。清晨澜沧江畔雾气弥漫，中午热气上腾，高山相阻，难以散开，昼夜温差大，湿度大，使茶树常年受到云雾的滋润。这也是昔归茶多年来品质稳定，且每年春、秋茶品质差异小的重要原因。

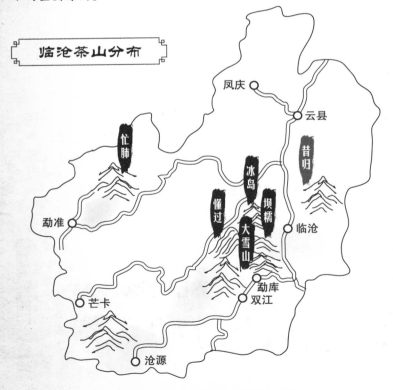

昔归古树茶的区域特点

昔归的古树茶主要集中在忙麓山上，树龄大，基本上是二百多年。

因为没有修剪，昔归古茶树的树姿向上，长势旺盛。目前保护较好，基本没有过度采摘，所以滋味饱满。

昔归是云南唯一一个高纬度低海拔出好茶的地方，可以说是邦东茶的代表，素有"临沧茶区的班章"之称。

昔归茶地土壤检测的理化指标如下：

	pH	全氮（g/kg）	碱解氮（mg/kg）	速效磷（mg/kg）	交换性镁（mg/kg）	有机质（g/kg）	速效钾（mg/kg）
昔归	5.06	1.66	96.77	2.85	40.82	12.17	36.65
参考值	4.5 ~ 5.5	>0.75	>60	>5	30 ~ 60	>10	>50

（土样检测数据由茶树生物学与资源利用国家重点实验室提供）

资料显示，昔归土壤为澜沧江沿岸典型的赤红壤，土样检测数据表明，该土壤pH值适中，全氮、有机质等成分的含量较低，应充分发挥山区有机肥资源丰富的优势，广辟肥料来源，提高土壤质量，延长茶园经济生产年限。

第三部分

厚积薄发的 2017 年春茶

正巧在忙麓山下遇到一个本家。小郝人很能干，去年加工了近1吨茶。小郝介绍，近日临沧勐库茶区、邦东茶区气温逐渐升高，春雨滋润，沉睡的古茶树终于被唤醒。由于今年暖冬、倒春寒等特殊气候的原因，茶芽发得慢，产量少，但这也恰恰为古茶树提供了更多时间来积蓄能量，品质更高。去年每公斤鲜叶440元左右，今年要640元每公斤。由于做出的茶叶质量不错，小郝已经积累了一部分老客户，所以今年准备再多收些鲜叶。

根据走访，笔者整理出 2000 年至 2021 年昔归忙麓山春秋两季古树茶收购价格，列出下表：

年份	春茶价格 （元/公斤）	秋茶价格 （元/公斤）
2000	6	6
2001	10	8
2002	15	13
2003	40	30
2004	50	40
2005	50	40
2006	60	50
2007	400	160
2008	180	130
2009	500	160
2010	1200	400
2011	1600	500
2012	1800	600
2013	2400	850
2014	3200	900
2015	2800	850
2016	3000	1300
2017	4600	1500
2018	5500	2000
2019	6500	2400
2020	7000	2600
2021	7000	2600

（特别声明：此价格只做参考）

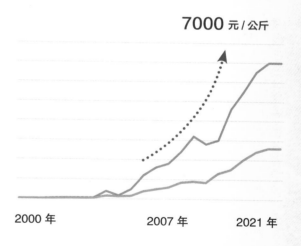

7000 元/公斤

2000 年   2007 年   2021 年

通过数据我们可以看到，昔归春茶价格从 2007 年以后持续高涨，秋茶价格在近几年也一路走高，可见昔归茶在近几年市场上的受追捧程度大幅度提升。昔归茶农的收入也直线上升，并且扩建了初制所，改进制茶工艺，昔归古树茶质量也越来越好。

第四部分
号称"临沧班章"的昔归茶

　　昔归古茶树大多以邦东大叶种为主,偏柳叶型。其实昔归茶不是这几年才出名的,它的名望可追溯到两千多年前,据说最早生活在云南的濮人,就将昔归茶敬献给周武王;宋代大理国时期,昔归茶又成为大理国的"御茶";清朝鄂尔泰在云南采办贡茶,昔归茶又被远运到北方的都城。根据清末民初时《缅宁县志》的记载:"种茶人全县约六七千户,邦东乡则蛮鹿、锡规尤特著,蛮鹿茶色味之佳,超过其他产茶区。"这里说的锡规,指的就是昔归。如今的昔归忙麓山有茶地460亩,其中古茶园300多亩,每年产量有十几吨。可以说,昔归茶一直受到人们的追捧和喜爱。

　　通过多样对比,我们给出了昔归忙麓山古树茶的茶评:干茶色泽乌润,汤色淡黄清亮,香气高锐,有明显的菌香或参香;茶汤浓度高,滋味厚重茶气强烈却又汤感柔顺,水路细腻并伴有回甘与生津,口内留香持久,因此有人称赞其为"临沧班章"。

昔归茶的内含物丰富，从检测报告的数据，我们来分析一下昔归茶的奥妙：

检测茶样	含水率（%）	水浸出物（%）	咖啡碱（%）	酯型儿茶素（%）	游离氨基酸（%）
昔归忙麓山头春古树茶	10.07	45.64	3.24	5.03	5.55

（茶样检测数据由茶树生物学与资源利用国家重点实验室提供）

检测内容	检测数值	参考平均值	释义
含水率（%）	9.87	≤ 10	合格
水浸出物（%）	45.64	中等较低	醇厚度中等较低
咖啡碱（%）	3.24	中等较低	苦感较低
酯型儿茶素（%）	5.03	较高	涩感较明显
游离氨基酸（%）	5.55	非常高	鲜爽度非常明显

通过数据分析，3.24%的咖啡碱和5.03%的酯型儿茶素，加上45.64%的水浸出物让昔归茶汤茶气十足，滋味浓厚，很有班章茶的霸气，但是5.55%的游离氨基酸又使得茶汤细滑柔顺，回甘持久。

不管外界如何评价，笔者很看好昔归茶，喜欢昔归的原因有三：
其一，忙麓山生态好，茶树长势好，人为破坏少；
其二，茶质好，刚柔并济，香高韵长；
其三，特点鲜明，好识别，假冒难。

品一杯好茶，无须多言，只需一口，便能带你回到那远离喧嚣的茶园。

昔归茶的品饮特点

1-2 泡　茶气强劲，香气高锐，舌底生津。

3-6 泡　香气如兰，冰糖香渐显，水较粘稠。

7-10 泡　醇厚，喉韵深，回甘好，回味悠长，参香明显。

【肆】 象明茶区

象明乡位于勐腊县西北部山区，是西双版纳州唯一的彝族乡。象明乡东与曼腊、易武镇接壤，西与景洪市勐养、基诺乡交界，北与普文的勐旺毗邻，是全县最大、最远的山区乡，辖倚邦、安乐、曼林、曼庄、龙谷5个行政村，60个村民小组，66个自然村，乡政府驻在大河边。象明茶区是普洱茶的重要产地之一，在古六大茶山中占有四大茶山（倚邦、莽枝、革登、蛮砖），倚邦茶曾被清政府列为贡茶，茶马古道穿境而过。

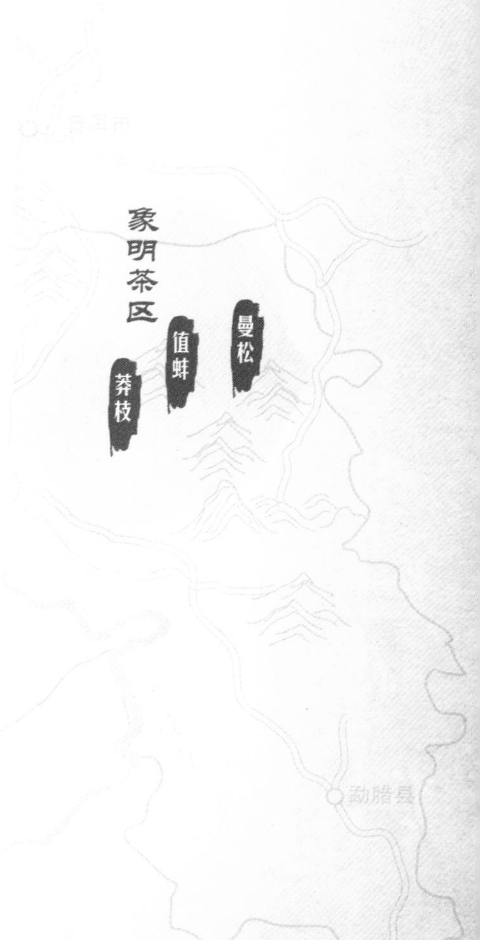

象明茶区

曼松

倚蚌

莽枝

第十四寨　纵横千亩古茶园——莽枝

莽枝茶的香，既有易武的花蜜香，又有倚邦的清雅香。

第一部分
历史里的莽枝茶山

　　莽枝古茶山，位于云南省西双版纳州勐腊县象明乡，紧连革登山和孔明山，面积比倚邦茶山小，比革登茶山稍大，是古六大茶山之一。

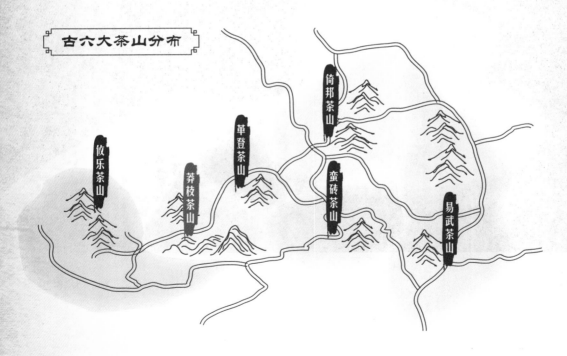

古六大茶山分布

攸乐茶山　莽枝茶山　革登茶山　倚邦茶山　蛮砖茶山　易武茶山

三国时期	●	传说是诸葛亮埋铜（莽）之地，故而取名莽枝。
约北宋时	●	少数民族在莽枝山定居种茶，于山脚下建曼赛、速底等村寨。
约元代时	●	莽枝已经有成片的茶园。
明朝末年	●	开始有内地商人进入莽枝山贩茶。
清康熙初年	●	牛滚塘成为六大茶山北部重要的茶叶集散地，有四百多户人家。
雍正七年（1729）	●	云贵总督鄂尔泰以清军进茶山"平乱"的名义成立普洱府，六大茶山归入普洱府。
乾隆十一年（1746）	●	于关帝庙前，立碑并刻 "永远奉守"四字，以彰显朝廷对其的重视。
乾隆至咸丰年间	●	莽枝茶山的莽枝大寨、秧林大寨和牛滚塘极为兴旺，村寨密集，茶山寨寨相连，茶事繁荣昌盛。
咸丰末年	●	牛滚塘一带发生民族械斗，茶农茶商避乱迁离，去往 1 公里外的安乐村居住。
20 世纪 40 年代末期	●	牛滚塘仅有七八户人家，在复杂的历史环境下莽枝古茶山开始抛荒。
20 世纪 80 年代	●	重现生机。

　　此次来莽枝，笔者是从象明彝族乡出发的，往勐仑方向然后转向通往安乐村委会的盘山公路。弯弯曲曲盘山而上，数十公里的乡道，全程都是弹石路面。这种路面既考验车子的减震功能，又考验笔者的肠胃。"寻茶孤狐"先生有三大爱好：开车、转山、找茶。只要一沾这三件事，"寻茶孤狐"就像吃了蜜一样，那幸福感绝对爆棚。今天这样的路面，颠起来，就像坐在大筛子上一样，身板儿软的真扛不住，而我们的"寻茶孤狐"却乐在其中。

第二部分

莽枝古茶园

留存下来的莽枝古茶园约1056亩，分布于安乐村委会行政管辖之下的各个寨子，主要集中在秧林、红土坡、曼丫、江西湾、口夺等地。其中，古茶园最为集中的寨子就是秧林村。

莽枝茶山的秧林寨有100多亩的连片古茶园，从象明乡政府到古茶园虽是土路，但能行车，路程约30公里。从秧林往东北方向走10公里便是小曼丫老寨，目前不通车。我们从秧林出来，车只能行驶到红土坡，红土坡村也有七八十亩古茶树，从红土坡到曼丫老寨还有七八公里，全为山间小路，车子是没法开了，只能步行，大约走了1个多小时才到。

通过对莽枝茶山的秧林寨附近土样的检测，得出下表：

	pH	全氮 （g/kg）	碱解氮 （mg/kg）	速效磷 （mg/kg）	交换性镁 （mg/kg）	有机质 （g/kg）	速效钾 （mg/kg）
莽枝	6.53	1.71	90.72	75.04	108.7	18.24	458.7
参考值	4.5 ~ 5.5	>0.75	>60	>5	30 ~ 60	>10	>50

（土样检测数据由茶树生物学与资源利用国家重点实验室提供）

莽枝茶山为赤红壤，有利于茶树生长。根据检测数据分析，在24寨中，莽枝茶山土壤的pH值最高，达6.53，速效钾、速效磷、交换性镁的含量也是24寨中最高的，整体表明，莽枝土壤肥沃，氮、磷、钾养分含量高，土壤呈中性，茶叶中氨基酸、茶多酚等内含物应该比较丰富。

在莽枝茶山海拔1360米处，保存有一株较大的古茶树——乔木型，树姿挺拔，树高6.3米，树冠直径5.6米，基部围1米，属于普洱茶种，树龄300年左右。到莽枝古茶山，一定要瞻仰一番它的绰约风姿，才算不虚此行。

在莽枝茶山，古茶树占比虽然不大，但村里的茶农制起茶来，却有不输人的态度。莽枝村委会向村里所有的茶农强调人工除草的重要性，并明令禁止除草剂的使用。因此，莽枝的茶叶也可以说是纯天然、无公害的生态茶叶。

笔者观察到，除了对化学物品的严格管控，莽枝的茶农在茶叶的保鲜运输上也很有自己的一套法子。离茶地较远的茶农会用芭蕉叶分隔鲜叶，避免茶叶在运输过程中发酵变质，而更远距离的则会采用大竹筐装载，保证鲜叶到达初制所时新鲜如初。

莽枝同一片茶山之中，大中小三种叶型同时存在，混采较多。有的也会分开，中小叶种采一起，分一起；中大叶种采一起，分一起，但即便是这边分作大叶种的茶叶，它整个叶片的尺寸也小于勐海茶区的勐海大叶种。

第三部分

近几年的莽枝茶价

话不多说，先来看看莽枝茶山这22年的茶价变化。

年份	春茶价格 （元/公斤）	秋茶价格 （元/公斤）
2000	8	8
2001	8	8
2002	10	10
2003	15	15
2004	30	20
2005	100	80
2006	360	160
2007	500	200
2008	400	250
2009	500	300
2010	500	300
2011	600	350
2012	600	300
2013	700	400
2014	800	450
2015	700	450
2016	900	400
2017	1000	500
2018	1500	700
2019	1800	850
2020	2000	1000
2021	2000	1000

（特别声明：此价格只做参考）

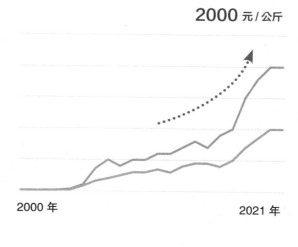

2000 元/公斤

2000 年　　　　　　　　　　2021 年

作为历史悠久的产茶地，莽枝的茶叶价格还是走亲民路线，性价比较高。从近20年春秋两季的茶叶价格走势来看，莽枝茶叶的价格处于稳步上升阶段，具有一定的后发力。

第四部分

细品莽枝茶

莽枝中小叶种外形匀整洁净，条索完整，以特殊香型著称，与倚邦、革登香型口感类似。莽枝茶一直被这样评价：若论普洱之香，古六大茶山之中非莽枝莫属。莽枝茶的香，既有易武的花蜜香，又有倚邦的清雅香。

通过多样对比，笔者给出莽枝古树茶的茶评：莽枝古树茶的总体感觉是滋味丰富，有苦底。干茶色泽乌润显毫，条索较小，梗长；花香明显；茶汤厚糯，苦感明显，但退得快，涩感低，生津突出，回甘持久，喉韵感明显。

我们再来看看莽枝茶内含物分析情况：

检测茶样	含水率（%）	水浸出物（%）	咖啡碱（%）	酯型儿茶素（%）	游离氨基酸（%）
莽枝头春中树茶	9.30	48.78	3.29	5.07	5.25

（茶样检测数据由茶树生物学与资源利用国家重点实验室提供）

检测内容	检测数值	参考平均值	释义
含水率（%）	9.30	≤ 10	合格
水浸出物（%）	48.78	中等	醇厚
咖啡碱（%）	3.29	中等较低	苦感较低
酯型儿茶素（%）	5.07	中等较高	涩感较高
游离氨基酸（%）	5.25	中等	鲜爽

通过数据分析，来看看莽枝茶的品饮特点：3.29% 的咖啡碱含量，算是中等偏低，再加上 5.07% 的酯型儿茶素含量，5.25% 的游离氨基酸含量，使得茶汤在品饮时，无苦有涩感，回甘明显。

在历史长河中，古茶山起落沉浮，有荣誉，也有屈辱；有繁荣，也有过荒芜。这正是"茶中有世态炎凉，茶中有人间冷暖"。希望富裕起来的茶山人更加重视古茶园的保护，让古茶树永葆生机。

第十五寨　六千年的故事——革登·值蚌

值蚌村是革登茶山保存最为完好的一片古茶园，也是革登山的主要茶产区。

　　这么多年，不知从何时起，有了一种感觉：对于茶的味道不再挑剔，不再钟情于一种茶，而是更加博爱，觉得山山皆有味，处处皆好茶。每经过一段坎坷的山路，每一杯捧在手中的茶，都备加珍惜。或浓或淡，或苦或甜，已不再重要，而更多的感动来自一山一水。天地的灵气似乎包裹着当地人对于茶树的呵护和民族的传统信念，并将其深深地融进茶里，静心品悟，比起一杯茶本身更让人觉得安宁。

第一部分
革登旧闻

　　你可能不知道值蚌，但肯定听说过革登。革登可是普洱界响当当的地方，它是古六大茶山之一，有着辉煌的历史。革登位于勐腊县象明乡西部，在倚邦茶山和莽枝茶山之间，面积约150平方公里。这里介绍的值蚌村，就隶属于革登茶区，是革登茶区古茶园最完整、最多的村子。

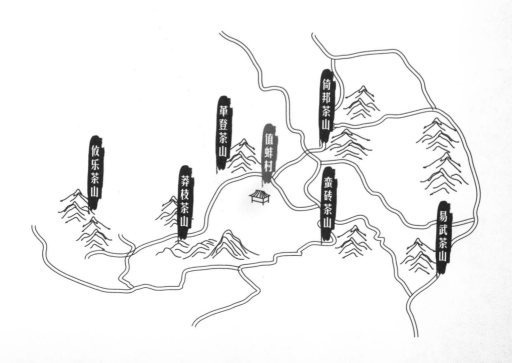

　　第一次听到革登这个名字，心里难免"咯噔一下"，同时对这个名字充满好奇。原来革登是布朗语，意思是很高的地方。革登老寨处在一座小山的顶部，地势险峻，三面是深壑，一面靠山坡，在古代是个易守难攻之地。另外，在民间还有一个说法：传说诸葛亮埋马蹬于此地，所以得名革登。

　　我们先聊一聊革登的历史。革登老寨最兴旺的时期是乾隆年间，曾有二三百户人家，上万亩茶园，往东从革登老寨接到倚邦的习崆山，往西接到莽枝的牛滚塘。听老一辈人说，过去革登人很富，出手大气，属于财大气粗那种。

　　乾隆四十六年（1781年）革登盖了一座关帝庙，关帝庙盖在革登到倚邦的三岔路口，离老寨半公里。关帝庙占地面积一千多平方米，顺坡建了三层台基，台基现在还比较完整，第二层台基上还有一块大碑，是建庙时捐银的功德碑。碑上文字已经很模糊，仔细辨认后，可以看出刻着"万善同绿""云南省"及几十个捐款人的名字，从碑文中可以知道捐款人中有不少是外乡人。从碑文内容来看，此庙当时建得很精美，庙内关公的头像上还涂着金粉呢！

虽然革登在古六大茶山中面积最小，但因离孔明山最近，而且有一棵超大的茶王树，反而在六大茶山中占据着特殊的地位和傲人的名气。但是当年盛名的茶王树早已不在，仅留下一个大树坑，坑内长满荒草，树坑周围长着不少茶树。那茶王树是怎么死的，革登又是怎么衰落的呢？

　　据建华村支书介绍，革登山的衰落和莽枝茶山的战乱有些关系。在咸丰年间，莽枝茶山的民族械斗波及了革登茶山，那场战乱使革登茶山人口大减，革登老寨住户大部分迁走。到了清末民初，革登老寨已无人居住。当普洱茶重新兴旺后，人们才又回到大山。同时期，这棵茶王树枯死了，原因无从考究。值得一说的是，当年普洱茶兴盛时，有大批的四川人迁居到革登、莽枝茶区，至今他们的后人还在，讲着一种不同于当地、也不同于四川音的独特方言。他们当年带来的小叶种茶，丰富了当地的茶树资源，在这大山深处茁壮地生长着，也非常适宜当地气候。

革登的茶王树

在《思茅厅志》和《普洱志》中有记载："其治革登有茶王树,较众茶树独高大,土人当采时,先具酒礼祭于此。"

传说:茶王树就在"孔明"身边。当地人说,这棵茶王树是孔明所种,所以每年春茶开摘前,几个茶山的茶农都要来拜茶王树祭孔明。清朝时期每年祭茶王树时,场面非常热闹,几千人在大草坪上,面对孔明山叩首、敬酒、对歌、跳舞,祈祷茶山兴旺,日子太平。据说在茶王树梁子上唱什么,对面的孔明山就会回应什么。

地位:六大茶山中大茶树非常多,但唯有这棵大茶树被记入史册,且被戴上王冠,它的地位可想而知。据说茶王树一年可摘鲜叶五担。茶王树所在的山梁有两公里长,山坡较平缓,是个大草坪。梁子上曾经有孔明庙、山神庙,我们从坍塌的残垣中就可以想象到当年的盛景。

第二部分

革登主要产茶区——值蚌

现存的革登古茶树在古六大茶山中产量是最少的，主要分布在值蚌、新发、新酒房三个村子，海拔在1300多米到1400多米。值蚌村的古茶园约1000亩，是革登茶山保存最为完好的一片古茶园，也是革登山的主要茶产区。

值蚌村隶属于云南省西双版纳勐腊县象明乡安乐村委会。安乐村委会下辖安乐、秧林、红土坡、曼丫、董家寨、石良子、新发、值蚌、新酒房、白花林等14个自然村。值蚌位于乡政府西边，距离村委会7公里，距离镇38公里，海拔1250米，年平均气温22℃，年降水量1700毫米。

值蚌村概况

古茶园面积		古茶园约 0.67 平方公里
茶山海拔		1250 米
年平均气温		22 ℃
年降水量		1700 毫米

　　古茶园历经破坏，少部分存留在密林中。因为茶树多年来淹没在密林中，被周围的高大树木遮挡，所以生长缓慢，其形态反而不像有几百年树龄的树。值蚌村的村民大多是茶农的后裔，因为他们割舍不下祖宗留下的茶园，即使在茶叶卖不了什么钱的年代，也不舍得离开。

　　透露一点秘密，如果有茶友去值蚌，不妨去一次值蚌村和茶房村相连的地方。那里有一片树龄较大的古茶树，而且连成一片，估计300亩左右。品质，那是相当不错的。

　　众所周知，每个山头所产的茶，在外形、口味上都是不同的，这与它所处的地理环境有着密不可分的关系。其中，土壤是最主要的因素之一，我们知道革登土壤为砖红壤，非常适合茶树生长。茶树与倚邦、莽枝的一样，均为中小叶种混生。为了更加详细地了解革登值蚌茶，我们来分析一下革登值蚌土壤的化学成分。

	pH	全氮 （g/kg）	碱解氮 （mg/kg）	速效磷 （mg/kg）	交换性镁 （mg/kg）	有机质 （g/kg）	速效钾 （mg/kg）
革登值蚌	4.67	1.50	157.25	1.68	22.10	12.61	46.82
参考值	4.5 ~ 5.5	>0.75	>60	>5	30 ~ 60	>10	>50

（土样检测数据由茶树生物学与资源利用国家重点实验室提供）

　　数据表明，该地土壤碱解氮含量高。有机质、全氮、速效钾等成分含量偏低，速效磷含量较低，仅为 1.68 mg/kg。土壤中的速效磷是土壤磷素供应的重要指标。它能促进茶叶中类黄酮物质的形成以及增加茶多酚、氨基酸和咖啡碱的含量。

第三部分

革登值蚌茶的价格

　　通过我们的走访统计，最终呈现了革登值蚌茶自 2000 年至 2021 年的茶叶价格变化。

年份	春茶价格 （元/公斤）	秋茶价格 （元/公斤）
2000	8	8
2001	8	8
2002	10	10
2003	15	15
2004	30	20
2005	80	60
2006	360	160
2007	800	130
2008	600	120
2009	700	130
2010	720	130
2011	720	130
2012	760	130
2013	860	135
2014	1200	300
2015	1000	300
2016	1500	700
2017	1800	1500
2018	2200	1000
2019	3000	1200
2020	3200	1200
2021	3200	1200

（特别声明：此价格只做参考）

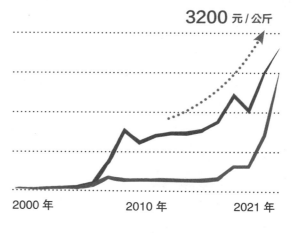

　　不同于其他茶叶茶价的大起大落，革登值蚌茶自 2000 年以来就一直保持着一定的涨幅，没有出现大幅度的上涨或下跌，平稳地发展着。

第四部分

一山一味

　　革登所产的茶芽头粗壮，老百姓称其为"大白茶"。经过对多个茶样的对比和审评，笔者给出革登值蚌古树茶的茶评：干茶色泽乌润，芽头满披银毫，条索松散；汤色金黄明亮；香气外扬，呈甜香或蜜香，有较强的山野气息，杯底有花果香；滋味醇厚，涩感明显，苦中带甜，回甘较好。总的来说：香高、水甜、茶气足。那么是什么成就了革登值蚌古树茶的这种味道呢？对照着审评结果，我们来分析一下值蚌古树茶的内含物。

检测茶样	含水率（％）	水浸出物（％）	咖啡碱（％）	酯型儿茶素（％）	游离氨基酸（％）
值蚌头春古树茶	9.63	48.88	3.73	5.53	4.99

（茶样检测数据由茶树生物学与资源利用国家重点实验室提供）

参考各内含物所占的比重的平均值，得出下表：

检测内容	检测数值	参考平均值	释义
含水率（%）	9.63	≤ 10	合格
水浸出物（%）	48.88	中等	醇厚
咖啡碱（%）	3.73	明显高	苦感明显
酯型儿茶素（%）	4.45	非常高	涩感非常明显
游离氨基酸（%）	4.99	中等	鲜爽

通过数据分析，革登值蚌古树茶滋味很醇厚，茶气相对莽枝茶、蛮砖茶、易武茶来说更足。其咖啡碱含量，相对平均值而言偏高，茶汤的苦感明显，酯型儿茶素含量，可以说是很高了，所以茶的涩感也会很强，加上4.99%的游离氨基酸，使茶汤还比较鲜爽，总的来说革登值蚌的茶汤很有力度，充满山野气息的同时又不失香甜。

学茶这么多年，不知从何时起，有了一种感觉：对于茶的味道不再挑剔，不再钟情于一种茶，而是更加博爱，觉得山山皆有味，处处皆好茶。每经过一段坎坷的山路，每一杯捧在手中的茶，都备加珍惜。或浓或淡，或苦或甜，已不再重要，而更多的感动来自一山一水。天地的灵气似乎包裹着当地人对于茶树的呵护和民族的传统信念，并将其深深地融进茶里，静心品悟，这比起一杯茶本身更让人觉得安宁。

第十六寨 让人泪目的——倚邦·曼松

古六大茶山有攸乐、革登、倚邦、莽枝、蛮砖、易武，而名气最大的当属倚邦曼松。

曼　松

　　曼松寨隶属于云南省西双版纳州勐腊县象明乡曼庄村委会，是古茶山倚邦的一个茶寨。曼松新寨，是7年前从曼松老寨搬下来的。新寨海拔900米，有村民32户170多人，村民主要是彝族的香堂人，四川人、云南石屏人的后裔较多，善于种茶。

　　与其他古茶山茶农的热情待客不同，一开始曼松当地人不太习惯与外面的人打交道。不过随着到访茶客的增加，当地人早已不同。他们每年不但要接待大量的到访者，还在空闲季节走出去，参加各地茶文化交流活动。

第一部分

血泪贡茶

如今的曼松，因 "年解贡茶 100 担" 声誉远播。与普通纳贡的官茶不同，曼松茶是供皇帝专用的贡茶。据史料记载，皇帝指定曼松茶叶为贡茶，其他寨的茶叶一概不要。

据传，明成化年间，地方官员发现曼松茶色香味俱全，且冲泡后 "站立不倒"，于是托朝臣进贡给当时的宪宗皇帝，并喻以 "大明江山屹立不倒" 之意。宪宗皇帝品尝后赞不绝口，指定曼松茶为皇家贡茶，其后延续到清朝。这份灿烂给当时的倚邦区带来了荣耀，却也带来了无尽的灾难。

道光年间的《普洱府志》记载，从雍正十三年 (1735) 开始，普洱茶由倚邦土千总负责采办。清末期，贡茶任务繁重，曼松要承担约 300 担贡茶，其中皇室的 100 担，其他各级官吏 200 担。茶农终于不堪重负，开始大规模地砍烧古茶树，很多家族就此逃难，再也没有回到曼松村。

1942 年，已经十分羸弱的倚邦再遭厄运——战火在倚邦烧了三天三夜，几百年筑就的古镇，无数精美的建筑全部化为灰烬。这场劫难使倚邦元气尽失，难以重振，几百户人家迁移他乡，空凉的倚邦在大山深处渐渐被人们遗忘。几十年过去了，至今倚邦也只有 30 来户人家，170 多人，这些人大多为茶商的后裔，他们一直守护着祖辈的茶园不愿离去。

可以说，曼松因茶而兴，却也因茶而饱受磨难。曼松的茶是甜的，可历代曼松人的生活却是苦的。

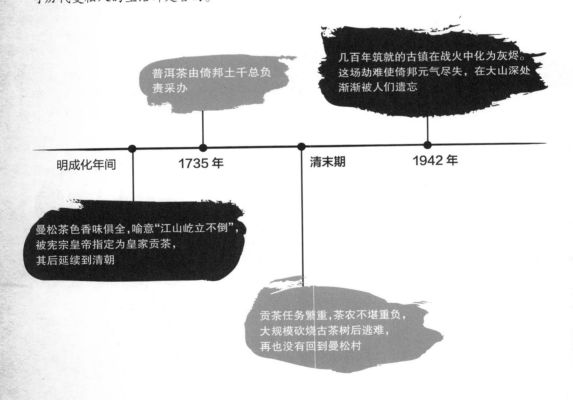

普洱茶由倚邦土千总负责采办

几百年筑就的古镇在战火中化为灰烬。这场劫难使倚邦元气尽失，在大山深处渐渐被人们遗忘

明成化年间　　　1735 年　　　清末期　　　1942 年

曼松茶色香味俱全，喻意"江山屹立不倒"，被宪宗皇帝指定为皇家贡茶，其后延续到清朝

贡茶任务繁重，茶农不堪重负，大规模砍烧古茶树后逃难，再也没有回到曼松村

第二部分
王子山

曼松皇家茶园共有三片，曼松的王子山、背阴山，还有一处是靠近曼腊的一个傣族寨子的茶园。

常年游走于各个山头，总会见到来自不同地方，不同性格的茶友，但是聊起茶来，却像相识很久的老朋友，有聊不完的话题。我和村支书老彭就是这样成了朋友，听老彭说：如今流行的"正山"概念，最早源于"曼松贡茶正山"，这还得从曼松的两个"王子山"的传说说起。

他说当地公开的传说是：清康熙年间，吴三桂剿灭南明李定国。南明家族逃散时，一个16岁的少年在家仆的帮助下，避开官兵的追杀，逃往曼松投靠一李姓人家。李家为掩护该少年，对外谎称其是"患怪病的义子"，举家迁往四家寨避难。少年死后，李家人才公开其真实身份：该少年是南明王朱由榔的孩子，并带村人将其埋在山顶，还为王子坟挖了防护沟，此山便被称为"王子山"。

但是当地人对王子山的传说还有一个版本：说"王子山"埋葬的王子，极有可能就是南诏王子。他们认为：南诏国王从始祖细奴逻到最后一代舜化止，前后经历165年，历十余代。南诏国统治范围广及今云南全境和贵州、四川、西藏，以及越南、缅甸的部分土地。南诏权臣郑买嗣从通海、元江一带发兵导致南诏灭国，南诏王子逃难的路线应该是从景东、普洱到倚邦，顺河谷南逃至曼松的彝族聚居区。从姓氏演变的角度看，南诏王室本姓蒙，亡国后，分别改姓左、罗（与"倮"同音）。而曼松绝大部分是彝族的香堂人，以罗姓、李姓居多。李姓在南诏时为官宦人家，一直与蒙姓皇族通婚。所以南诏王子逃到曼松，不管是地理位置还是族缘关系，都说得过去。

　　埋在王子山上的王子究竟是谁，恐怕难以考证，但"曼松贡茶"的悠久历史是不可否认的。然而无论是王子山的凄美，还是茶农不堪重负放火烧山，又或者是曼松大火，这些曼松的点滴记忆，都已成为历史，成为品饮曼松茶之余的故事。

第三部分
曼松茶园

　　郁郁葱葱的群山，青碧如水的蓝天包裹着曼松村。曾经的贡茶园里，如今却很难看到一棵古茶树。近万亩的曼松茶园里，仅留下几十棵被刘过的古茶树。随行的老彭指着其中一棵古茶树介绍说，这棵古茶树的根部围径达 60 多厘米，主径却变成 11 株小茶树。

　　昔日曼松古茶园的衰落已成定局，但让人感到欣慰的是，当地的有识之士精选曼松古茶树遗种，采用无性繁殖的方式，在完全生态的前提下，栽种了 1 万多亩曼松茶。

	pH	全氮 （g/kg）	碱解氮 （mg/kg）	速效磷 （mg/kg）	交换性镁 （mg/kg）	有机质 （g/kg）	速效钾 （mg/kg）
倚邦曼松	4.39	2.26	169.34	2.93	12.74	23.61	77.65
参考值	4.5 ~ 5.5	>0.75	>60	>5	30 ~ 60	>10	>50

（土样检测数据由茶树生物学与资源利用国家重点实验室提供）

　　数据显示，王子山茶地的土壤有机质、速效钾、速效磷的含量适宜。另外，曼松当地的土壤含锌量非常高，这种土壤不仅对茶树生长有利，还使得曼松茶增加了一种独特的鲜甜。

　　茶园里，鲜绿的曼松茶，生机勃勃，和顽强的曼松人一样，经磨难，愈芬芳。

第四部分

曼松的价格

曼松王子山古茶树的数量极少，每年的春茶产量只有几十公斤，被骨灰级的茶友争来争去。我们统计了2000年到2021年曼松古茶树春茶和秋茶的收购价格，见下表。

年份	春茶价格（元/公斤）	秋茶价格（元/公斤）
2000	8	8
2001	8	8
2002	10	10
2003	15	15
2004	30	20
2005	100	80
2006	1600	700
2007	1700	800
2008	1500	600
2009	5500	2800
2010	5800	3000
2011	6000	3000
2012	6100	3100
2013	11000	5000
2014	11500	6000
2015	12000	6500
2016	18000	8000
2017	20000	8500
2018	30000	12000
2019	40000	20000
2020	45000	20000
2021	45000	20000

（特别声明：此价格只做参考）

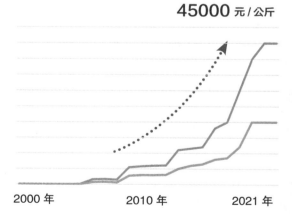

45000 元/公斤

2000 年　　　　2010 年　　　　2021 年

2017年，曼松古树春茶被抬到1公斤20000元，小树春茶每公斤的价格也在1200元至2000元。和薄荷塘一样，在云南小树茶中，曼松小树茶的价格恐怕是很高的了。

可以说，曼松古树茶一泡难求，屹立不倒的制茶技术虽然无人传承，但"高香甘醇"的古韵尚存。尽管每年春茶产量有限，但慕名而来的茶客还是络绎不绝，让窄窄的山寨路拥挤不堪。

上面我们提到，曼松的2017年小树春茶价格每公斤1200元以上。那么曼松小树春茶的这个价位是否合理呢？针对这一点，笔者分析了它的茶叶内含物，并参照平均值列出了下表。

检测茶样	含水率（%）	水浸出物（%）	咖啡碱（%）	酯型儿茶素（%）	游离氨基酸（%）
曼松头春小树茶	9.81	46.56	3.67	2.26	4.97

（茶样检测数据由茶树生物学与资源利用国家重点实验室提供）

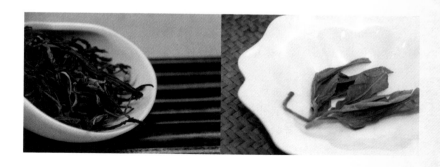

检测内容	检测数值	参考平均值	释义
含水率（%）	9.81	≤ 10	合格
水浸出物（%）	46.56	中等较低	较醇厚
咖啡碱（%）	3.67	中等较高	苦感较明显
酯型儿茶素（%）	2.26	非常低	涩感非常低
游离氨基酸（%）	4.97	中等	鲜爽

　　水浸出物在 46.56%，这个含量的茶汤滋味比较醇厚。2.26% 的酯型儿茶素含量，让人大吃一惊，这么低的含量在云南普洱茶中很是罕见，茶汤从口感上很难品出涩味，加上 3.67% 的咖啡碱含量和 4.97% 的游离氨基酸含量，使茶汤柔甘顺滑，鲜醇爽口，回味无穷。数据的分析结果，让我们为曼松茶点赞。尤其是极低的酯型儿茶素含量直接塑造了曼松茶的高品质。看来曼松茶果真名不虚传。

　　多茶样对比后，笔者给出曼松古树茶茶评：干茶色泽墨绿，茶条较小，但芽叶肥嫩；茶汤黄亮，香气清甜淡雅，滋味醇厚，水路细腻柔滑，回甘绵长。总体感觉是水细茶柔，香气高雅，回甘持久。

　　对这片饱经沧桑的土地，笔者有着复杂的情感。既有对它经历的悲悯，又有对它现状渐佳的欣慰，而更多的应该是祝福，祝福这片土地饱经风霜又重新振作，祝福这片茶地的香堂人，洗尽铅华，苦尽甘来。曼松不仅茶甜，曼松人的生活也愈加甜美。希望此后的曼松，不再让人泪目。

【伍】 其他茶区

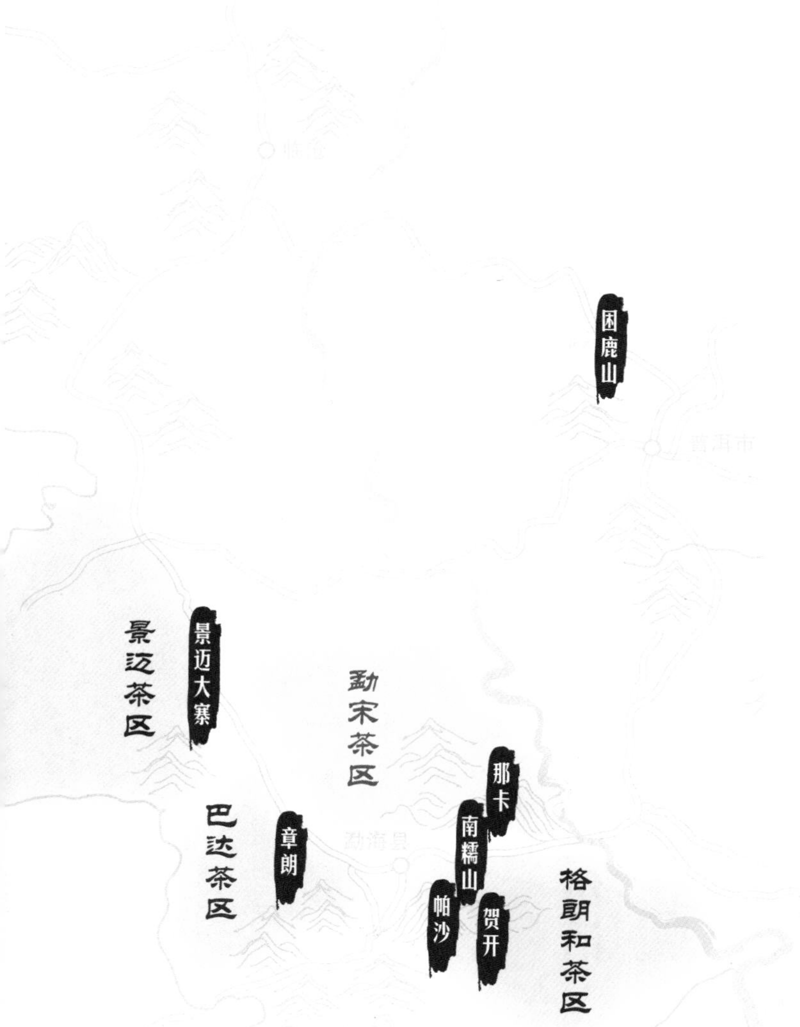

困鹿山

景迈茶区

景迈大寨

勐宋茶区

巴达茶区

章朗

那卡

南糯山

帕沙 贺开

格朗和茶区

本书中的其他茶区包括：第17寨景迈大寨，第18寨南糯山半坡老寨，第19寨勐宋那卡，第20寨普洱困鹿山，第21寨普洱邦崴，第22寨勐混贺开，第23寨巴达章朗，第24寨格朗和帕沙。

第十七寨　景迈山——我想说四句话

对每一位好茶者来说，景迈山都是一个耳熟能详的地方；对笔者来说，景迈山更像是一本书，总是在读，却总也读不完。

进入茶行业之后，景迈一直是笔者的诗和远方。一开始每年独自去小住，后来萌生出和茶友一起分享的想法。于是从 2014 年开始，笔者每年都会组织一票茶人共访景迈山。在景迈，古老的茶树与参天大树交错丛生，大山与村落、古茶与房舍、森林与茶人融为一个和谐统一的整体。这里各族人民家家有树，户户种茶，茶与树为邻，人与茶为伴，相依相随，同度岁月风雨，是茶人心中的圣地。

第一部分

"翻读"景迈山

景迈山位于云南省的西南边陲，在普洱市澜沧拉祜自治县惠民乡，距离澜沧县城 60 公里，普洱市府 230 公里，西双版纳州 135 公里，是我国云南西双版纳、普洱与缅甸的交界处。若您从国道 214 线过来，到了惠民乡政府驻地，再往南开，沿着蜿蜒的盘山公路行驶 18 公里，便到了风景如画的景迈山。

景迈山有两个村委会：芒景村和景迈村。芒景村居民主要是布朗族，景迈村居民主要是傣族。

景　迈　山

芒景村委会下辖芒洪、上寨、下寨、瓮基、瓮哇、那耐 6 个自然村。该村现有农户 639 户、2645 人，布朗族 2436 人，占全村人口的 92%，是一个典型的布朗族村。

景迈村委会下辖景迈大寨、帮改、笼蚌、南座、勐本、芒埂、糯干、老酒房村 8 个自然村。其中有 5 个傣族村，1 个哈尼族村，1 个佤族村和 1 个汉族村。该村有村民 692 户、2830 多人，其中傣族人口最多，有 581 户、2490 人，哈尼族 45 户、160 人，佤族 22 户、81 人，汉族 44 户、100 人。

景迈山古茶园主要分布在芒景、景迈两个村民委员会，两个村委会下辖的 14 个自然村都坐落在万亩古茶园内。各村的茶鲜叶都以"景迈山普洱茶"的名义对外销售。

景迈山规模最大的古茶园有两片，一片位于景迈大寨的大平掌（大坪掌），另一片位于芒景村的芒洪寨子后面的山上。其中以景迈大寨的大平掌为代表，这里的古茶树不仅连片集中，而且植被好，林中有茶，茶中有林，交错辉映。如果来到景迈山，强烈建议在山上留宿一宿，不管是神秘的云海，还是满满正能量的天然氧吧，都是人生中不可多得的际遇。

　　景迈大寨的地势较高，山坡上就是千年古茶园，南朗河（南腊河）和南门河在山谷中缓缓流淌。山间云雾缭绕，山脚云蒸霞蔚，村寨仿佛坐落在云端之上，充满"行到水穷处，坐看云起时"的意境。由于景迈大寨一年四季可看云海，所以也被称为"云寨"。

　　芒景村是个布朗族村寨，传说布朗祖先叭岩冷种植茶树，并给后代留下遗训：留下金银财宝终有用完之时，留下牛马牲畜也终有死亡的时候，唯有留下茶种方可让子孙后代取之不竭，用之不尽。据考证，澜沧江流域是茶的起源地，而布朗族的祖先濮人是最早利用、栽培、驯化古茶树的民族。叭岩冷也就成为有名姓可考的最早的茶人，被称为茶祖。相传西双版纳的傣族土司曾把第七个公主嫁给叭岩冷。现在景迈山的芒景村还有供奉茶祖叭岩冷的庙宇和七公主亭。芒景村有两棵大茶树，是现存最大的茶树，一株高4.3米，基部干径0.5米，另一株高5.6米，基部干径0.4米。

第二部分
我想说四句话

这么多年的探寻和相处，对于景迈，笔者想说四句话来概括景迈茶。

第一句：悠久的历史，让我为你痴迷。

据《布朗族言志》和有关傣文史料记载，景迈山古茶林的驯化和栽培最早可追溯到公元 180 年，迄今已有近 1840 年的历史。景迈的身份可不是吹的，自明代以来，景迈古茶就是上贡给孟连土司，乃至皇室宗亲的皇家贡茶。

1950 年，芒景布朗族末代头人苏里亚赴京参加国庆观礼时，将景迈古茶林内精心选采的鲜叶，特别制作成"小雀嘴尖茶"献给毛主席。

2001 年，在上海召开的亚太经合组织会议期间，江泽民主席也把采摘自景迈山古茶园的茶叶作为国礼赠送给各国首脑。

景迈山作为新六大茶山之一，上千年的历史绝不仅仅是一句贡茶所能概括的。悠久的历史带来世世代代灿烂的文明，并深深地植根在每一个人的心里，感恩，崇敬，向上。

第二句：广阔的天地，让我心神向往。

单就古茶园的面积和生态来说，景迈山要说第二，没有茶园敢称第一。

在惠民乡芒景村、景迈村周围，成片的古茶林分布在莽莽苍苍的原始森林中，这就是茶友们熟知的景迈山千年万亩古茶园。在这里，森林与村落没有明确的界线，人们就生活在茶林中，空气里弥漫着茶叶的清香，让人分不清到底身处茶园还是村寨。

据芒景缅寺木塔石碑上的傣文记载，景迈古茶园分布在海拔1400米左右的山区，占地2.8万亩，实际采摘面积10 003亩。古茶园与高大的常绿阔叶林交错生长，古茶树株距多在2～4米，行距3～6米。古茶树的直径多在0.1～0.3米，少数在0.3～0.5米，树高2～4米，均为乔木型。

连片的万亩古茶园已经不同寻常，最令人震撼的还有古茶园的生态。记得上大学时，老师讲茶树有四喜四怕，其中之一就是喜阴怕晒。笔者跑过不少茶山，茶树基本上是裸露在山岭上，暴晒在太阳下的，比如忙肺、昔归等。景迈山则不然，古茶树不论多高大，都是第二梯队，上面有高大的樟树、大青树等为其遮阴。常年行走于各大茶山的"寻茶孤狐"说："这样大规模的生态古茶园，景迈山算是独一份儿。"

第三句：景迈的茶味之谜。

凡是来过景迈山的人无不称赞这里的生态。按照常理来讲，景迈、芒景的古茶树多生长在原始森林中，与各种动物、植物伴生，森林中的枯枝落叶为茶树提供了天然的有机肥，动物和昆虫的多样性可以减少茶树病虫害，景迈的茶应该是古树茶价格的翘楚！但令人遗憾的是景迈的价格一直上不去。

年份	春茶价格 （元/公斤）	秋茶价格 （元/公斤）
2000	10	10
2001	15	15
2002	30	15
2003	60	26
2004	80	54
2005	100	70
2006	230	80
2007	640	200
2008	220	80
2009	220	80
2010	540	130
2011	640	170
2012	680	260
2013	760	370
2014	860	230
2015	760	320
2016	840	320
2017	1000	420
2018	1300	450
2019	1500	450
2020	1600	450
2021	1600	450

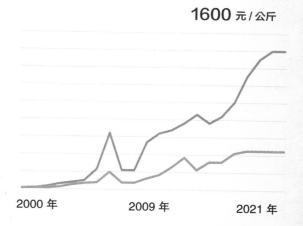

（特别声明：此价格只做参考）

通过采样对比，我们给出景迈古树普洱茶的茶评：干茶颜色乌润，条索较小；花香明显；汤色浅黄明亮；入口有甜感，随后发苦，最后是明显的涩味，涩味主要集中在上颚后部和舌根部，除涩感外，其他刺激性较弱，茶汤稍显单薄。

为了找到感官审评的依据，笔者对景迈古树茶进行理化检测，得出数据：

检测茶样	含水率（%）	水浸出物（%）	咖啡碱（%）	酯型儿茶素（%）	游离氨基酸（%）
景迈大寨头春古树茶	9.16	45.80	3.73	5.88	5.04

（茶样检测数据由茶树生物学与资源利用国家重点实验室提供）

检测内容	检测数值	参考平均值	释义
含水率（%）	9.16	≤ 10	合格
水浸出物（%）	45.80	中等较低	醇厚度较低
咖啡碱（%）	3.73	高	苦感明显
酯型儿茶素（%）	5.88	非常高	涩感非常明显
游离氨基酸（%）	5.04	中等	鲜爽

上表的内容我们可以这样分析：3.73%的咖啡碱含量，算是偏高了，再加上5.88%的酯型儿茶素含量，5.04%的游离氨基酸，使得茶汤在品饮时，苦味、涩味较为明显。

从数据分析来看，审评结果是正确的。那景迈茶涩感偏重，茶味显单薄，究竟是谁惹的祸呢？笔者也是困惑多年，但最近的土样检测好像略见端倪：

	pH	全氮（g/kg）	碱解氮（mg/kg）	速效磷（mg/kg）	交换性镁（mg/kg）	有机质（g/kg）	速效钾（mg/kg）
景迈大寨	4.78	4.05	273.67	1.83	141.2	2.91	44.46
参考值	4.5 ~ 5.5	>0.75	>60	>5	30 ~ 60	>10	>50

（土样检测数据由茶树生物学与资源利用国家重点实验室提供）

数据表明，该地土壤全氮、碱解氮和交换性镁的含量过高，其中交换性镁的含量居 24 寨之首，达 141.2 mg/kg，而有机质的含量却非常低，为 24 寨最低，仅达 2.91 g/kg。

希望在族人的爱护下，这万亩古茶林和古寨永远生生不息。

第四句：益处多多的"螃蟹脚"，让我依依不舍。

螃蟹脚是多年生草本植物，以茎入药，有滋阴养胃、清热生津和滋肾明目的功效。喜阴凉湿润的环境，常附生于阴凉湿润的树上。目前在云南茶区，只发现景迈野生古茶树上有生长，当地少数民族用以清热解毒。

苍劲有力的虬枝上，岁月的精华都长成了螃蟹脚。这是最原始、最古老、最生态、最独特的自然标识，它们轻松地把千年的日子披挂在身上，慢慢成熟，灵动、可爱。

温真师傅自小在大平掌长大，他说，小时候在古茶园里放牛，经常从茶树上采螃蟹脚喂牛。那时的螃蟹脚长得特别长，比他手掌都长，而且长大的螃蟹脚是红色的，现在见到的都是绿色的，是因为还没有成熟。我和"寻茶孤狐"相视一笑，那时的牛可真幸福。据说景迈山的"螃蟹脚"已经卖到每公斤5000元了。

考考你，
图中左右两组螃蟹脚，哪一组是假的？

和温真师傅学了一招，辨别螃蟹脚的真假。真正的螃蟹脚寄生在古茶树上，主体是扁形的，年龄小的是嫩绿色，年龄大的偏红色；而假的螃蟹脚主要寄生在红毛树上，主体是圆形偏扁的，颜色是深绿色。（揭秘：上图中，左边一组是真的，右边一组是假的。）

第三部分

啰唆两句

深入景迈山，你就会发现，那里有的，不仅仅是万亩的生态茶园、醇香的普洱茶，更有淳朴的民风、特色的民宿风情、美味的佳肴、善良的村民，人与自然和谐共处的环境更加迷人，也让到这里行走的人们增加更多的收获。

常怀一种感动、感激、感怀之情，祈求茶世世代代为这里的人们带来衣、食和幸福。告别景迈山就像拉祜族歌里唱的那样：就是舍不得……

最后，还得啰唆一句：来景迈山，一定要吃一顿这里的全茶宴，绝对原生态。本人没拿广告费，跟谁都想这么说，真的。

第十八寨　茶香怡人——南糯山·半坡寨

初嗅干茶，有淡淡的荷香；

茶芽苏醒，再嗅湿茶，出现梅子香；

茶水充分融合，香气入汤，果香、兰花香竞相显露。

第一部分

南糯山

　　云南茶山林立，以澜沧江为界，业内对云南著名的古茶山进行了分类，分别为"江内六大茶山"以及"江外六大茶山"。这里所说的"江"，指的就是澜沧江。江内六大茶山兴盛于明清时期，被称为"古六大茶山"，江外六大茶山是人们口中的"新六大茶山"。近些年来，江外六大茶山声名远播。江内六大茶山，即古六大茶山，分别是：攸乐（基诺）、莽枝、蛮砖、革登、倚邦、曼撒（易武）；江外六大茶山，即新六大茶山分别是：布朗、巴达、勐宋、景迈、南糯、南峤（勐海）。

　　经常和"寻茶孤狐"拜访的南糯山是新六大茶山之一，位于勐海县格朗和乡东面，隔流沙河与勐宋茶山对望。开车从景洪到南糯山需要 30 分钟，从南糯山到勐海大约需 15 分钟。南糯山刚好位于北回归线的位置，被人们戏称为"气候转身的地方"。

"南糯"的由来

　　"南糯"为傣语，意为"产美味笋酱的地方"。据傣族传说：很久以前，南糯山没有名字，爱伲人在此居住，妇女们于竹林之间，挖笋制菜肴，多余部分制成"笋酱"。曾有官员巡游至此，爱伲人以笋酱招待，官员认为笋酱美味，于是将其作为贡品。从此茶和笋酱，皆为岁贡。傣族就把这山叫作"南糯山"，爱伲人也就跟着这么叫开了。

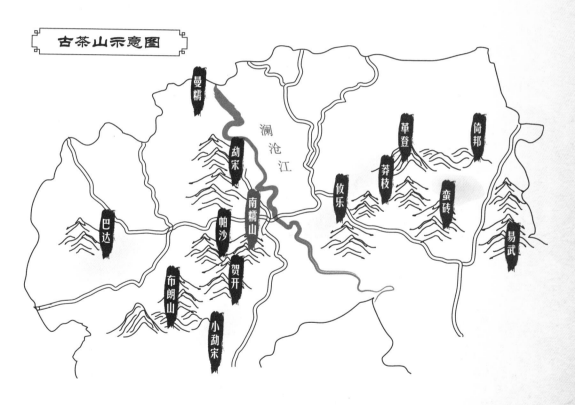

古茶山示意图

曼糯

澜沧江

勐宋

南糯山

攸乐

革登

莽枝

倚邦

蛮砖

帕沙

贺开

巴达

布朗山

易武

小勐宋

第二部分

半坡寨

　　南糯山隶属于勐海县格朗和乡。据统计，勐海县拥有原生态古茶园 4.6 万余亩，其中南糯山 1.2 万亩，占了近三分之一的面积。南糯山南糯山村委会辖 30 个自然村寨。南糯山的古茶树主要分布在 9 个自然村，其中半坡寨最多，有古茶园 3700 亩。另外，竹林寨有古茶园 1200 亩，姑娘寨有古茶园 1500 亩。南糯山古茶园由于分布较广不同片区的茶的口感滋味有一定区别。

　　半坡寨位于南糯山半山腰，面对景洪坝子，还可看到大勐宋古茶山。全村共 27 户人家，100 余人，全部是哈尼族。半坡寨平均海拔 1400 米，年平均温度 17~18 ℃，年均降雨量 1350~1500 毫米。半坡寨之所以有名，首先是古茶园多，更重要的是那棵 800 年树龄的茶王树就在这里。哈尼族语中称茶王树为"老博博玛"，半坡寨的这棵"老博博玛"现在已被西双版纳州作为重要古茶资料保护起来。

半坡寨概况

茶园面积		古茶园 3700 亩
茶山海拔		1400 米
年平均气温		17 ~ 18℃
年降水量		1350 ~ 1500 毫米
常住人口		共 27 户人家，100 余人，全部是哈尼族

　　半坡寨不仅生态好，而且茶园连片。这里森林茂密，溪水潺潺，保存完整的原始森林和具有 800 年上下连片的栽培型古茶园，是西双版纳州乃至云南省面积最大的古茶区之一。

在如此优越的生态环境下，土壤的情况应该也是差不了，笔者对半坡寨土壤的化学成分进行了检测，得出了以下表格：

	pH	全氮 （g/kg）	碱解氮 （mg/kg）	速效磷 （mg/kg）	交换性镁 （mg/kg）	有机质 （g/kg）	速效钾 （mg/kg）
半坡寨	4.66	2.05	151.2	1.21	20.28	20.91	88.05
参考值	4.5 ~ 5.5	>0.75	>60	>5	30 ~ 60	>10	>50

（土样检测数据由茶树生物学与资源利用国家重点实验室提供）

数据表明，该土壤全氮、碱解氮、有机质、速效钾等的含量都比较适中，比较有利于茶叶好品质的形成，但要注意的是该地土壤中速效磷的含量在24寨中是最低的，仅为1.21 mg/kg。磷能促进类黄酮物质的形成以及增加茶多酚、氨基酸和咖啡碱的含量。当然，影响土壤速效磷含量的因素除全磷含量外，还受土壤中活性铁、铝、钙等离子固定作用的影响。

第三部分
半坡寨古树茶

追溯半坡寨22年来的茶叶价格：

年份	春茶价格（元/公斤）	秋茶价格（元/公斤）
2000	6	6
2001	8	8
2002	10	8
2003	17	10
2004	60	45
2005	80	60
2006	200	120
2007	600	150
2008	300	100
2009	350	180
2010	400	280
2011	480	350
2012	530	380
2013	650	450
2014	700	500
2015	800	550
2016	1000	600
2017	1300	800
2018	1600	750
2019	1600	850
2020	1600	850
2021	1600	850

（特别声明：此价格只做参考）

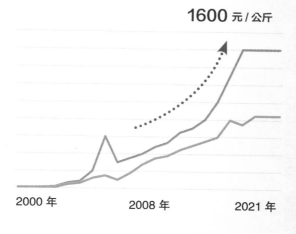

1600 元/公斤

2000 年　　　　2008 年　　　　2021 年

对近22年的半坡寨价格进行分析，我们可以发现，半坡寨的价格持续稳定提高。虽然没有像冰岛、班章的茶叶价格那样暴幅增长，但是恰恰说明，半坡寨茶叶的市场是很稳定的。

通过多样对比审评，笔者给出半坡寨的茶评：干茶色泽墨绿油润，粗壮显毫；汤色金黄透亮；茶汤内质饱满，苦短甜长，略有涩感；叶底肥厚柔软。半坡寨茶的显著特点是香气：初嗅干茶，有淡淡的荷香；茶芽苏醒，再嗅湿茶，出现梅子香；茶水充分融合，香气入汤，果香、兰花香竞相显露。

通过观察半坡寨头春古树茶的内含物数据，我们来分析一下它的品质特征。

检测茶样	含水率（%）	水浸出物（%）	咖啡碱（%）	酯型儿茶素（%）	游离氨基酸（%）
半坡寨头春古树茶	9.62	49.73	3.76	5.77	4.07

（茶样检测数据由茶树生物学与资源利用国家重点实验室提供）

检测内容	检测数值	参考平均值	释义
含水率 (%)	9.62	≤ 10	合格
水浸出物 (%)	49.73	中等较高	醇厚较明显
咖啡碱 (%)	3.76	明显高	苦感明显
酯型儿茶素 (%)	5.77	非常高	涩感非常明显
游离氨基酸 (%)	4.07	明显低	鲜爽度偏低

根据检测数据表明：半坡寨头春古树茶 49.73% 的水浸出物，是非常不错的含量，茶汤的滋味比较醇厚。3.76% 的咖啡碱含量，明显偏高，这个含量使茶汤留有苦底。5.77% 的酯型儿茶素含量，使茶汤再浓厚，也会有涩感。4.07% 的游离氨基酸含量，使其茶汤口感的鲜度偏低。综合来看，该茶汤滋味饱满而厚实，不足之处是游离氨基酸含量偏低，使得茶汤鲜爽不足。

　　茶是一门不确定的艺术，大自然就是神奇的刻刀，雕琢着每一片叶子。不同的海拔，不同的气候，不同的土壤，不同的小环境，都能在茶树上刻下痕迹。百年的时光里，这样的痕迹反复加深，忠实地反映在每一片芽叶里。半坡寨茶香怡人，带给人独一无二的享受。

第十九寨　那卡——我想对你说

那卡，我想对你说：

你娇小而宁静，羞涩而内敛，真诚而知恩。

第一部分

那卡，为何许茶

勐宋古茶山，是勐海县最古老的茶山之一，东与景洪相接，南连格朗和乡，并与南糯山隔河相望。

那卡，也叫纳卡、娜卡，或腊卡，是勐海县勐宋乡大曼吕村委的一个拉祜族寨子，一共有 107 户，568 人。那卡寨位于有"西双版纳屋脊"之称的滑竹梁子山东侧，面积有 9.69 平方公里，平均海拔1700 米，年平均气温 16 ℃，年降水量 1800 毫米。据村里的老人们说，那卡村具体的建寨年份已不可考，但他们的祖祖辈辈都生活在这片土地上。不难想象，这片土地已经养育了那卡村民几百年，甚至上千年。

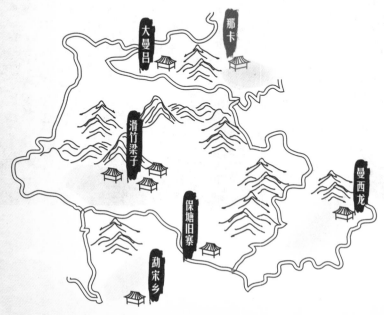

那 卡 概 况

土地面积		9.69 平方公里
茶山海拔		1700 米
年平均气温		16 ℃
年降水量		1800 毫米
常住人口		一共有 107 户，568 人

拉 祜 族

    拉祜族是我国的一个古老民族，主要分布在澜沧江两岸的普洱、临沧两个地区。其中 78% 分布在澜沧江以西，北起临沧、耿马，南至澜沧孟连。

勐宋古茶园中的茶树大多为拉祜族人所种，一山一山的老茶园，是拉祜族人一天一天开拓出来的，在逶迤的山林中透出一种独特的朴素与神秘。那卡古树茶是勐宋茶区最具代表性的茶。不客气地说，那卡茶的品质在勐宋茶区是数一数二的。那卡茶的名气至今还能与南糯山比肩。它不似易武茶的柔，却比易武茶厚重，不似布朗茶的霸气，却比布朗茶更润甜，不似南糯茶的高香，却比南糯茶更悠长。

通过数据我们来分析一下那卡头春古树茶的品质特征。

检测茶样	含水率（%）	水浸出物（%）	咖啡碱（%）	酯型儿茶素（%）	游离氨基酸（%）
那卡头春古树茶	9.32	48.60	3.77	5.66	4.48

（茶样检测数据由茶树生物学与资源利用国家重点实验室提供）

检测内容	检测数值	参考平均值	释义
含水率（%）	9.32	≤ 10	合格
水浸出物（%）	48.60	中等	醇厚
咖啡碱（%）	3.77	明显高	苦感明显
酯型儿茶素（%）	5.66	非常高	涩感非常明显
游离氨基酸（%）	4.48	中等较低	较鲜爽

从所得数据可以看出：48.60%的水浸出物，在云南古茶树中属于中等含量，口感相对醇厚。有苦底是由于咖啡碱的含量很高。5.66%的酯型儿茶素含量，使得茶汤有明显的涩感。4.48%的游离氨基酸含量，使鲜爽度稍微不足。 48.60%水浸出物，3.77%的咖啡碱含量，5.66%的酯型儿茶素含量，这些物质综合在一起，使得茶汤滋味厚实，茶气十足，再加上不足的游离氨基酸，让口腔更有刺激感。

通过多种茶样对比，笔者给出那卡古树茶的茶评：干茶色泽乌润显毫，条索紧结；汤色金黄明亮；香气强劲；滋味醇厚，涩感明显，有较强的生津和回甘；叶底黄绿匀齐。总体印象是涩感明显，但生津强。

第二部分
辉煌往昔

　　行走在云南大小寨子这么多年，能够吸引笔者的，肯定不是"善碴儿"。那卡肯定有它不凡的出身。

　　那卡茶与人的缘分最早可追溯到先秦。到唐朝时期，茶道盛行，饮茶之风弥漫朝野，贡茶随之缘起。贡茶是古代朝廷用茶，专供皇宫享用。浙江的西湖龙井，安徽的六安瓜片，福建的白茶，武夷大红袍，江西的庐山云雾茶等等都曾是贡茶。

　　清雍正十年（1732），云南普洱贡茶正式列入贡茶案，那卡拉祜人做的竹筒茶，闻名遐迩，每年都要上贡"车里宣慰府"。据历史记载，缅甸国王也曾指定那卡竹筒茶为贡茶，缅甸王嗜茶如命，对那卡贡茶念念在心，有酒无茶，有茶无酒，均无法进膳。那卡茶在当时可谓珍贵至极，直到现在，拉祜人依旧保持着喝竹筒茶的习惯。

竹 筒 茶

　　先用晒干的春茶加入一种带糯米香的叶片少许，一同放入刚砍回的鲜竹筒内，放在火塘的三脚架上烘烤，6~7分钟后，竹筒内茶叶软化，用木棒将竹筒内茶叶舂压后再装进茶叶，这样边装、边烤、边舂，直至竹筒内茶叶填满舂紧为止。待茶烤干后，剖开竹筒取出圆柱型的茶叶，掰少许茶叶放入碗中，冲入沸水约五分钟即可饮用。

第三部分
那卡古茶园

　　从勐海县城到那卡，差不多55公里的路程。按照惯例，出发前先听听老江湖的"战略部署"。"寻茶孤狐"说："全程都是硬化路，开车前往大概需要两个小时。"话虽如此，但是考虑到从勐宋乡到那卡村的道路路面窄，而且转山路又多又陡，时间不太好确定。所以，我们最终决定先去超市备好"备战物资"，所谓"备好干粮好过冬"，这样才踏实。多说一句，如果您是第一次导航去那卡，最好还是搜索"纳卡"，导航好像还比较恋旧。

　　进入深山，举目环视，茂密的原始森林叠嶂如峦，白色的云于林中山涧自由穿梭，阳光偶尔从树枝的缝隙中透射下来，形成明暗交替的梦幻景致。但闻鸟啼凤鸣，只觉天宽山阔，心明如朗。就在这片如梦如幻的自然布景中，藏匿着约660亩那卡古茶园。那卡古茶树的树龄在300~500年，基本上是中小叶种。高大的古茶树大多散落在密林之中，有的古茶树之间甚至相隔几百米，与果树及各种叫不出名的花草树木混生。那卡的古茶园主要分布在村后山坡上，山形陡峭、土壤贫瘠，土壤主要是黄沙土，森林环境虽有所破坏但还算比较好。

那卡茶地土壤检测，见下表：

	pH	全氮 （g/kg）	碱解氮 （mg/kg）	速效磷 （mg/kg）	交换性镁 （mg/kg）	有机质 （g/kg）	速效钾 （mg/kg）
那卡	4.89	1.72	139.10	2.38	56.16	15.02	24.19
参考值	4.5～5.5	>0.75	>60	>5	30～60	>10	>50

（土样检测数据由茶树生物学与资源利用国家重点实验室提供）

　　数据表明，该地土壤 pH 值适中，全氮和有机质含量与勐海茶区其他地方相比相对偏低，而交换性镁的含量较高，在本书所列的24寨中，仅低于景迈、莽枝和贺开。镁是植物体内多种酶的活化剂，这些酶关系到茶树碳水化合物、脂肪和蛋白质等物质的代谢和能量转化。

第四部分
那卡的朋友们

那卡村在 2010 年就已经设立了进村检查点，保护意识还是比较强的。

刚到那卡，提前得到消息的扎务就热情地接待了我们。扎务是土生土长的当地人，90 后，人很实在，但普通话说得不太好。他学做茶已经四年了，从他所做的茶的品质就可知道，扎务是个做茶很细致的人，是个不错的小伙子。

如今普洱茶市场火爆，销量好，所以家家户户都在做茶。但是普通茶农没有系统学习过普洱茶的制作工艺，导致各个寨子的初制，基本是小作坊式的生产方式，质量极不稳定，这是个很严峻又急需解决的现实问题。所以在我看来，扎务的一丝不苟，才显得尤其珍贵。

　　告别扎务，笔者来到老王家。经过十几年的历练，老王已经做得一手好茶。老王家共5人，有8亩古树茶，三百多亩中小树茶。因为茶做得好，人缘不错，老王去年做的1吨多茶，早就卖光了，年收入有三四十万元。老王介绍：今春的古树茶鲜叶每公斤220元左右，中树鲜叶每公斤180元左右，小树的鲜叶每公斤100元左右，较去年春茶上涨了30%以上。老王说："现在做出来的茶叶早被预定了，另外还接了老客户的订单，正盼着天儿好，多采些茶呢！"

第五部分

那卡茶价

　　笔者统计了那卡 2000 年至 2021 年的古树茶收购价格：

年份	春茶价格 （元 / 公斤）	秋茶价格 （元 / 公斤）
2000	6	6
2001	6	6
2002	8	6
2003	30	20
2004	170	80
2005	210	150
2006	260	100
2007	180	140
2008	350	250
2009	400	120
2010	400	100
2011	450	120
2012	650	200
2013	650	200
2014	450	180
2015	740	350
2016	1200	700
2017	1300	800
2018	2000	900
2019	2400	1000
2020	2600	1200
2021	2800	1300

（特别声明：此价格只做参考）

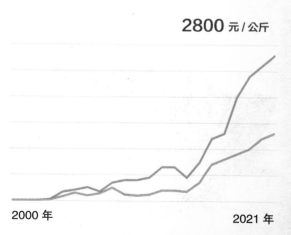

2800 元 / 公斤

2000 年　　　　　　　　　　2021 年

第六部分

我想对你说

看着高大树木掩映下的古茶园，感受着淳朴的民风，品尝着那卡茶，我内心涌动着一种情感。

那卡茶，我想对你说：你娇小而宁静，羞涩而内敛，真诚而知恩。娇小是指你的身躯纤细；宁静是指你的气质，外表并不妖娆，入口滋味也不抢夺味蕾；羞涩是你的本真，就像青春的女孩，又像青涩的苹果，看似平淡无奇的茶汤，却能在舌面和上颚留下深深的记忆；内敛是说你的含蓄，你不如班章茶霸气，也不如冰岛茶鲜爽，你的内敛是在回味中；真诚是说你的外观、香气和滋味，感觉是什么样就是什么样，丝毫没有讨巧和哗众取宠之意；知恩是我最欣赏你的地方，对你一点点的夸奖，你回报给我满满的甘甜。

第二十寨　皇家御茶园——困鹿山

困鹿山的茶树，
就这样在深山老林中静静地生长，默默地成熟。
虽未加修剪，却愈加郁郁葱葱。
看似消失在时光的车轮中，
却穿梭在茶人的视线里，
不争不抢，静安天命。

第一部分

神秘的困鹿山

　　困鹿山，于陌生人而言，这是一个令人遐想的地方。笔者第一次听到时，也被深深吸引，不禁生出无限的向往。那似乎是一个有着动人故事的秀丽村庄，四周应该是悬崖峭壁，也许还有着一段人与动物的美丽传说。

　　关于困鹿山名字的由来，有两种说法：第一种说法是困鹿为傣语，"困"为凹地，"鹿"为雀、鸟，"困鹿山"意为雀鸟多的山凹。第二种是根据《思茅厅志·续增·语音附地名解》中给出的一个解释："困"是布朗语，指大的寨子，"鹿"是这个寨子的头人之称，"困鹿"就是姓"鹿"的头人所在的大寨子之意。

　　无论哪种解释，困鹿山都应是一个远离尘嚣，藏在历史深处的地方。

　　困鹿山皇家古茶园，历史上一直是秘而不宣的。因为自然条件和茶园管理的限制，云南生产贡茶的茶山很少，根本满足不了皇室贵族的需要，寻常百姓家更是难得一见。清雍正七年（1729），云南总督鄂尔泰在普洱府宁洱镇建立了贡茶厂，每到春季茶树发芽，官府就派兵上山监督春茶采摘、生产，把所有制好的紧压茶全部运抵京城，进贡朝廷，普通百姓自然喝不到这里上好的春茶。困鹿山大片古茶园就这样变成了皇家御用茶园。在宫廷中，有"夏喝龙井，冬饮普洱"的美谈。

　　困鹿山古茶园，在沉寂了百年之后，终于拨开覆盖在其身上的迷雾，以独特的魅力重新展现在人们面前。

　　如今的困鹿山居住着世代种茶、爱茶、护茶的哈尼族人，整个寨子只有 14 户、54 人。经专家考证，在最高海拔 2271 米，地跨凤阳、把边两乡，总面积约 6.75 平方公里的困鹿山古茶树群落地域内，散落着树龄达千年的野生型、过渡型、栽培型和大叶种、中叶种、小叶种古茶树，树龄久远，种类齐全，可谓茶叶自然博物馆。

困鹿山概况

土地面积		约 6.75 平方公里
茶山海拔		2271 米
常住人口		14 户，54 人

第二部分
与世无争的困鹿山

困鹿山是无量山的一支余脉，隶属于云南省普洱市宁洱哈尼族彝族自治县宁洱镇宽宏村委会困鹿（卢）山自然村。如果从普洱县城出发，驱车向北一个小时可到达目的地，全程有三十多公里。

山中峰峦叠翠、古木参天、云遮雾绕、雨量充沛，海拔1410~2271米。困鹿山古茶树群落地跨凤阳、把边两乡，总面积达10122亩，其中宁洱镇宽宏村的困鹿山境内有1939亩。不同于多数古茶园的茶树，困鹿山茶树没有进行人为的剪枝，因而树型很像一般的乔木，高大挺拔。困鹿山古茶园是目前宁洱县发现的最大的茶树林群落体古茶园，也是云南省距离昆明最近、交通最便利、古茶树最密集、种类最丰富、周围植被最好的古茶园。

困鹿山古茶园分东、南、西、北四个部分，附近的村寨还有大片人工栽培型、过渡型的茶园。由中国农业科学院等权威机构组织多批专家相继对困鹿山茶树群落进行了三次重点科学考察，并得出了论证："困鹿山栽培型茶树至少有400年以上的历史；其半栽培型（过渡型）茶树已超过1000年以上。"古茶园中的过渡型古茶树小、中、大叶种相混而生，香型独特。

小、中、大叶种茶树怎么分?

　　以成熟叶片为参考，叶片面积小于 20 平方厘米的称为小叶种；20~40 平方厘米的叫中叶种；40~60 平方厘米的叫大叶种；60 平方厘米以上的叫超大叶种。

茶树的野生型、栽培型、过渡型

　　野生型茶树：是指在一定地区经长期自然选择所保留下来的茶树类型。它是自然选择的产物。野生型古茶树，在云南当地少之又少，仅零星分布。

　　栽培型茶树：是指人类通过对野生茶树进行选择、栽培、驯化，创造出的茶树新类型。它是自然选择和人工选择的产物。云南当地的古茶树，绝大多数都是栽培型，系云南茶区先民栽种。

　　过渡型茶树：过渡型茶树由野生型茶树进化而来，在进化的漫长过程中，形成了一些既具有野生型茶树特征又具有栽培型茶树特征的茶树类型。

1986 年，有关专家考证了困鹿山古茶群落，发现了 1939 亩过渡型茶树群落。自此，淡出茶叶江湖的困鹿山又一次进入人们的视野。

那么，被誉为皇家御用茶园的困鹿山，现如今它的土壤情况如何呢？请见下表：

	pH	全氮 （g/kg）	碱解氮 （mg/kg）	速效磷 （mg/kg）	交换性镁 （mg/kg）	有机质 （g/kg）	速效钾 （mg/kg）
困鹿山	4.86	2.01	117.94	11.98	29.64	5.64	91.56
参考值	4.5 ~ 5.5	>0.75	>60	>5	30 ~ 60	>10	>50

（土样检测数据由茶树生物学与资源利用国家重点实验室提供）

数据表明，该地土壤速效磷的含量较高，达 11.98 mg/kg，在本书所列的 24 寨中仅低于莽枝的 75.04 mg/kg。磷能促进茶叶类黄酮物质的形成以及增加茶多酚、氨基酸和咖啡碱的含量。而该地土壤有机质含量较低，为 5.64 g/kg，在本书的 24 寨中，仅高于景迈的 2.91 g/kg。

茶界有一句话描述困鹿山：不与冰岛争利，不与班章争名。是啊，困鹿山的茶树就这样在深山老林中静静地生长，默默地成熟，未加修剪，却愈加地郁郁葱葱。看似消失在时光的车轮中，却穿梭在茶人的视线里，不争不抢，静安天命。

第三部分
十年茶价千翻涨

　　困鹿山的春哥,自幼生活在这里,把做茶当成了自己一生的事业。在做完自家茶之后,春哥经常往其他的茶区跑,用他的话说:"去看看,去喝喝,才能做出最自我的茶。"近几年,困鹿山茶叶的名气越来越大,春哥的收入从他那上扬的嘴角就可想而知。春哥得意地告诉我们,今年的春茶又早早被定光了。

年份	春茶价格 (元/公斤)	秋茶价格 (元/公斤)
2000	6	6
2001	8	8
2002	10	7
2003	80	30
2004	200	80
2005	400	200
2006	600	320
2007	800	400
2008	1000	450
2009	1200	600
2010	1500	650
2011	2000	800
2012	2200	800
2013	2800	1200
2014	5000	2000
2015	6000	3000
2016	10000	4000
2017	14000	6000
2018	22000	6000
2019	30000	7000
2020	36000	7500
2021	36000	7500

(特别声明:此价格只做参考)

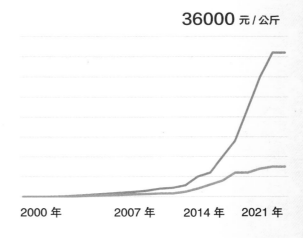

36000 元/公斤

2000年　　　2007年　　2014年　2021年

　　困鹿山茶的价格让人心惊,这是本书24寨中唯一一个在2007年和2021年价格没有下滑的寨子,这也说明困鹿山茶的市场在不断扩大,受到了越来越多爱茶人的喜爱。

第四部分

困鹿山茶，以雅示人

　　布朗茶霸气凌人，易武茶阴柔绵长，勐库茶鲜爽甘甜，困鹿山茶则香韵优雅。

　　通过多家茶样对比，笔者给出困鹿山古树茶茶评：困鹿山古树以中叶种居多，干茶色泽乌润显毫；香气内敛沉稳，有独特的花香，汤香和杯香之间平衡得十分优秀；汤色黄绿明亮；滋味丰富沉厚，香、甘、醇都有，微苦、有涩感，化甘快，喉韵甘润持久。总体感觉香韵独特，气蕴上扬而沉实，滋味丰厚。困鹿山茶口感甘润沉实，仿佛一君子，不沾尘垢，无愧皇家御用茶称号。

　　困鹿山茶的内含物丰富，从检测报告中的数据，我们来分析一下困鹿山茶叶的奥妙：

检测茶样	含水率（%）	水浸出物（%）	咖啡碱（%）	酯型儿茶素（%）	游离氨基酸（%）
困鹿山头春小树	9.90	48.87	3.56	5.20	5.21

（茶样检测数据由茶树生物学与资源利用国家重点实验室提供）

检测内容	检测数值	参考平均值	释义
含水率（%）	9.90	≤ 10	合格
水浸出物（%）	48.87	中等	醇厚
咖啡碱（%）	3.56	中等较高	苦感较明显
酯型儿茶素（%）	5.20	明显	涩感明显
游离氨基酸（%）	5.21	中等	鲜爽

　　通过内含物含量数据分析，我们来看看困鹿山头春小树茶，3.56%的咖啡碱含量，算是中等较高，再加上5.20%的酯型儿茶素含量，5.21%的游离氨基酸，使得茶汤浓厚，有苦味，但不强，涩味较为明显，但化得很快，回甘好。

　　时易世变，困鹿山皇家古茶园从高贵的皇室走入民间爱茶人的茶杯之中，穿越悠久的历史步入现代社会。原有的十几户居民也从老寨搬迁下来，当地政府为其建设了别墅，整齐漂亮。往昔，做贡茶的茶农，不堪重负，连饭都吃不上；今日为百姓做茶的茶农，住上了宽敞舒适的别墅。真心祝愿这片古茶园，在沧海浮沉中，静静地生长，默默地成熟。祝福困鹿山的茶农幸福安康！

第二十一寨 让历史改写的地方——邦崴

茶的灵魂在这片土地上，屹立不倒、生生不息。

　　邦崴的名字想必很多爱茶的人都听过，也许你和我一样，第一次对它印象深刻是因为那棵过渡型古茶树。这棵古茶树的发现，彻底确立了中国是茶树的发源地。这是一种荣誉的象征，令中国傲立于世界。

　　我和"寻茶孤狐"先生来到这里，再次拜望这棵千年的古茶树。它生长在巍峨的高山上，俯瞰远方，颇有君临天下的气势。

第一部分

邦崴

先来看看古茶树生长的地方——邦崴。

邦崴村有730户居民，2794人，以汉族和拉祜族为主。寨子隶属云南省普洱市澜沧拉祜族自治县富东乡，地处富东乡西部，在澜沧江畔，处扎发谷山脉分支，距乡政府所在地12公里，距澜沧县142公里。该地区海拔1900米左右，年平均气温17℃。阳光充足，气候温和，一年四季山清水秀。

此次，我和搭档"寻茶孤狐"从澜沧县城出发，沿国道往临沧方向西行，过了上允农场，从淘金河路口折右往北，再驱车约40公里就到了邦崴村新寨。

邦 崴 概 况

海拔		1900米左右
年平均气温		17℃
常住人口		730户居民，2794人，以汉族和拉祜族为主

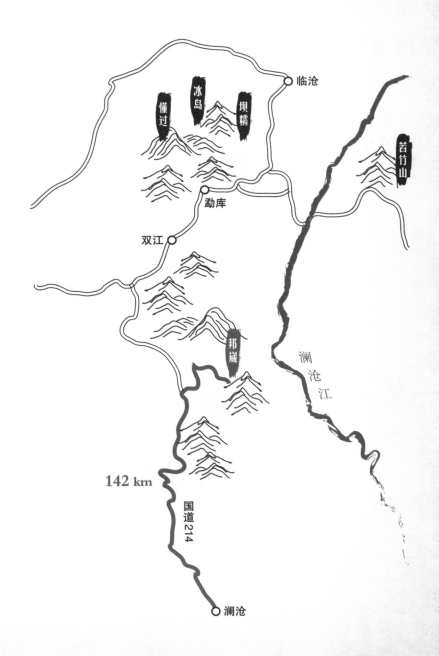

第二部分
闻名世界的古茶树

我们说邦崴是因为古茶树而名扬四海的，那么这棵茶树是什么时候被发现的？它又有什么不同呢？它的意义在哪呢？别急，我们翻翻历史。

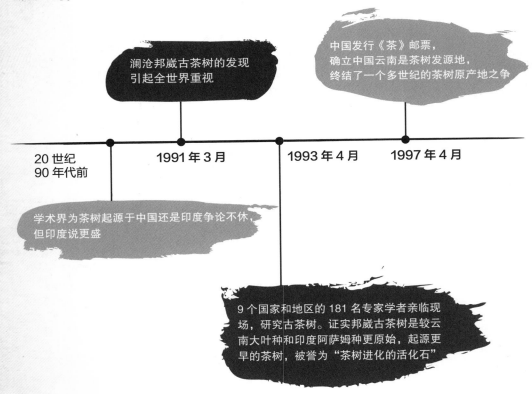

澜沧邦崴古茶树的发现引起全世界重视

中国发行《茶》邮票，确立中国云南是茶树发源地，终结了一个多世纪的茶树原产地之争

20 世纪 90 年代前　　1991 年 3 月　　1993 年 4 月　　1997 年 4 月

学术界为茶树起源于中国还是印度争论不休，但印度说更盛

9 个国家和地区的 181 名专家学者亲临现场，研究古茶树。证实邦崴古茶树是较云南大叶种和印度阿萨姆种更原始，起源更早的茶树，被誉为"茶树进化的活化石"

专家学者们是如何确定澜沧邦崴古茶树地位的呢？ 181名专家学者通过对比澜沧邦崴古茶树和云南大叶种、印度阿萨姆种的染色体核型，发现邦崴大茶树核型的对称性比云南大叶种和阿萨姆种的对称性更高，证明邦崴大茶树是较云南大叶种和印度阿萨姆种更原始，起源更早的茶树，是野生型向栽培型过渡的过渡型茶树，被誉为"茶树进化的活化石"。

1991 年发现的澜沧邦崴古茶树是迄今全世界范围内发现的唯一的过渡型大茶树，它的发现终结了一个多世纪的茶树原产地之争。有人称它为邦崴过渡型茶树王，为普洱市作为世界茶树发源地提供了最有力的证据。

这棵茶树为乔木型大茶树，树高 11.8 米，最大干围 358 厘米，树姿直立，分枝密，为过渡型茶树。叶型长椭圆，叶顶渐尖，叶面微隆。树龄在 1000 年以上。

邦崴古茶山的范围不在景迈山的万亩茶园，而是以邦崴村为中心，囊括了邦崴、小坝、帕赛等几个村民小组。茶树品种以大叶种普洱茶为主。由于交通等因素，除了过渡型茶树王，邦崴茶在很长一段时期内鲜为人知。

看一看邦崴茶地土壤检测的理化指标：

	pH	全氮 （g/kg）	碱解氮 （mg/kg）	速效磷 （mg/kg）	交换性镁 （mg/kg）	有机质 （g/kg）	速效钾 （mg/kg）
邦崴	4.06	1.15	78.62	2.07	26.78	10.38	25.38
参考值	4.5 ~ 5.5	>0.75	>60	>5	30 ~ 60	>10	>50

（土样检测数据由茶树生物学与资源利用国家重点实验室提供）

邦崴的土壤是本书24个寨子里酸性最强的。茶树是喜弱酸性植物，酸性适当增强可以提高活性铝的含量，有助于茶叶品质的改善，但是土壤酸性过高会增加重金属向茶叶中转移的可能以及盐基离子大量流失的风险。同时，茶叶中氨基酸和茶多酚的含量也与土壤酸度呈显著负相关。另外，检测结果表明，该地土壤的全氮、碱解氮和有机质相对偏低，应提高生态环境的保护和水土保持意识，推广农家肥、有机肥的施用，以调节、改良土壤质量，实现茶叶生产低碳、绿色、环保、优质、高产、高效的目标。

据了解，邦崴村茶树周长超100厘米的就有100余株，全村有茶园6200余亩，古茶园1650多亩，但邦崴古茶树分布不连片，较分散。寨子周边，茶树也是成片种植和零星种植相结合。

村委会罗主任介绍，20世纪六七十年代，在邦崴村像这棵过渡型茶树的比比皆是，甚至许多树龄要比它大得多。后来土地分到各家各户，大家为了改善生活搞粮食生产，种植农作物，于是成片成片的茶林被砍了，开垦成庄稼地。幸运的是，邦崴过渡型茶树王生长在斜坡上，不利用耕作，这才得以保留下来。

第三部分
白菜价到黄金价的变化

　　从鲜为人知到现在的水涨船高，邦崴茶的价格发生了翻天覆地的变化，笔者整理了 2000 年至 2021 年间的邦崴茶价格，并制作了折线图，可以更加直观地了解到邦崴茶价格所发生的变化。

年份	春茶价格 （元/公斤）	秋茶价格 （元/公斤）
2000	5	5
2001	5	5
2002	8	5
2003	10	8
2004	15	10
2005	30	20
2006	60	40
2007	150	60
2008	150	60
2009	160	60
2010	180	70
2011	200	80
2012	300	100
2013	300	100
2014	450	180
2015	600	200
2016	700	240
2017	800	300
2018	900	350
2019	900	350
2020	900	350
2021	900	350

（特别声明：此价格只做参考）

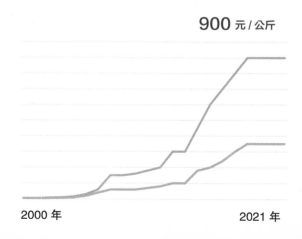

900 元/公斤

2000 年　　　　　　　　2021 年

2007 年以后邦崴茶的价格逐渐上升，到 2017 年已经是 2007 年茶价的几倍。2017 年春季各茶山气候偏冷、雨水偏少，古茶树的萌发期整体较往年推迟了不少时日。这使得 2017 年春茶的季节缩短，茶叶减产，但好在茶叶品质不错。

小魏做茶有十来年了，由于茶叶品质好，他家的茶每年都卖得不错。据小魏说，一方面由于邦崴茶的茶质好，树龄老，芽头肥大，条索粗长，口感苦涩适中；另一方面由于邦崴过渡型古茶树的宣传，近年来邦崴茶名气上升很快，受到越来越多人的追捧和喜爱。去年这个时候有不少茶树一株就能产出万元以上，其中邦崴二号茶王单株年产值达 8 万多元。真是人的名，树的影。看来知名度直接影响着茶叶市场的价格。

第四部分
专业茶评

通过多茶样审评，我们给出邦崴茶的茶评：干茶色泽黑亮，条索粗壮；汤色金黄明亮；香气高扬，有樟木果香；叶底黄绿；入口苦涩比较明显，但很快会有回甘；涩退去得较慢；汤质饱满，山野气韵强。总的来说：山野气韵浓烈、内质层次分明、茶汤厚重甜醇是邦崴茶的独特标志。

对照着审评结果，我们来分析一下邦崴古树茶的内含物，看看是什么决定了邦崴茶的独特品质。

检测茶样	含水率（%）	水浸出物（%）	咖啡碱（%）	酯型儿茶素（%）	游离氨基酸（%）
邦崴头春古树茶	9.18	51.20	3.72	5.30	6.36

（茶样检测数据由茶树生物学与资源利用国家重点实验室提供）

检测内容	检测数值	参考平均值	释义
含水率（%）	9.18	≤ 10	合格
水浸出物（%）	51.20	明显偏高	醇厚感明显
咖啡碱（%）	3.72	偏高	苦感明显
酯型儿茶素（%）	5.50	偏高	涩感明显
游离氨基酸（%）	6.36	非常高	非常鲜爽

　　通过检测数据分析，我们来分析下邦崴古树茶，茶汤厚重甜醇是邦崴古树茶的最大特点。6.36% 的游离氨基酸含量无疑是鲜爽甜醇的主要支撑物质，5.50% 的酯型儿茶素含量，3.90% 的咖啡碱含量，加上 51.20% 的水浸出物不仅使茶气足，汤质厚，也使得茶汤入口也会有明显涩感。

　　大自然优胜劣汰令坚强者屹立不倒、生生不息，这是勤劳智慧、开拓奋进的先祖们留给后人的恩赐和财宝，也是上天的机缘。

　　愿我们都珍惜每一棵茶树，每一片茶叶。

第二十二寨　她在丛中笑——贺开

淳朴勤劳的贺开人，做茶有一个亘古不变的态度——即使供不应求，也要保证贺开茶的纯正。

第一部分
布朗山脉上的贺开

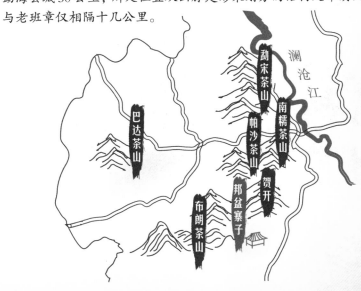

　　现在只要一谈论普洱茶，很多人必提及老班章茶。老班章茶不仅代表了布朗山茶区的最高品质，也得到了"茶王"之美誉。其实，在老班章茶出名之前，人们知道得更多的是贺开茶，所以论名气，贺开古茶园可算是老班章茶的"前辈"了。

　　了解贺开茶，就要先了解贺开。贺开，傣语意为"坝子的源头"。贺开村委会隶属于勐混镇，下辖9个自然村，其中2个傣族村寨，1个爱伲族村寨，6个拉祜族村寨。贺开北连南糯山，南邻布朗山，是西双版纳州保存较好、连片面积最大的古老茶区之一。贺开距离勐海县城30公里，所处位置从山脉走形来划分的话仍处布朗山一脉，与老班章仅相隔十几公里。

勐宋茶山

澜沧江

南糯茶山

巴达茶山

帕沙茶山

贺开

邦盆寨子

布朗茶山

第二部分
连片古茶园

　　来的次数多了，对贺开的印象也就深了：茶园、村寨里随处可见冬瓜猪和跑步鸡；古茶树树龄大，而且连成片；房前屋后都是大茶树，所谓"寨中有茶，茶中有寨"。

　　贺开古茶区在西双版纳一般被称为贺开山，在普洱则被称为曼弄山。普洱少有人知贺开，西双版纳鲜有人知曼弄，其实它们同在一个茶区。贺开古茶园主要分布在曼迈老寨、曼弄老寨、曼弄新寨三个拉祜族村寨，大约有8000亩古茶园。曼弄是贺开古茶园分布面积最大、茶树最多的一个村寨。其中被当地人称作"茶王"的最大一株栽培型古茶树，树龄已达800年。

贺开古茶园海拔 1400~1700 米，属热带季风气候，年平均气温 18 ℃，年雾罩日 129 天，日降露水 0.2 毫米，相对湿度 82%。

贺开茶区的茶树大片相连，连绵十余里，沟谷纵横，峰峦叠翠，植被茂密，生长着水冬瓜树、红毛树、花皮树等杂木树和飞机草等植物，形成了良好的生态环境。贺开土壤属红砖土壤，土层深厚肥沃，呈微酸性，pH 值 4~5.5。从专业角度讲，这样的气候、土壤条件非常适合茶树的生长。

	pH	全氮 （g/kg）	碱解氮 （mg/kg）	速效磷 （mg/kg）	交换性镁 （mg/kg）	有机质 （g/kg）	速效钾 （mg/kg）
贺开	5.05	2.83	151.20	8.00	57.72	31.07	99.23
参考值	4.5 ~ 5.5	>0.75	>60	>5	30 ~ 60	>10	>50

（土样检测数据由茶树生物学与资源利用国家重点实验室提供）

数据表明，该地土壤为弱酸性土壤，碱解氮含量偏高。该区的有机质含量也很丰富，土壤肥沃，保肥、保水的能力很强，对该区的茶叶产量有较积极的作用。

第三部分

大热的贺开茶

12 岁时，小杨已经开始学着炒茶，到现在也有十余年的光景了。她告诉笔者，小时候做好的茶叶只能勉强换一点东西，买点生活必需品。现在不同了，自己不必再愁销路，每年茶商们都到家里来买茶，今年的春茶已经全卖光了。

针对于近些年大热的贺开茶，我们也做了一个价格统计表。

年份	春茶价格（元/公斤）	秋茶价格（元/公斤）
2000	10	8
2001	12	8
2002	20	10
2003	30	15
2004	40	20
2005	80	40
2006	100	50
2007	280	100
2008	60	25
2009	150	60
2010	160	80
2011	180	100
2012	240	100
2013	400	200
2014	750	400
2015	800	400
2016	900	450
2017	1400	500
2018	1800	500
2019	2000	600
2020	2200	600
2021	2200	600

（特别声明：此价格只做参考）

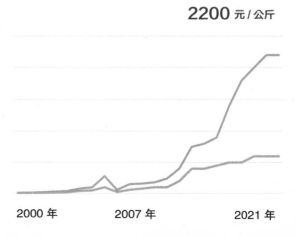

2200 元/公斤

2000 年　　　　2007 年　　　　2021 年

　　2006 年的时候，普洱茶在全国名噪一时。很多茶商四处寻找自己喜欢的普洱茶原料，贺开茶也经历了一夜暴涨的时期。2010 年以后，不少人对贺开茶的口感十分着迷，认为贺开茶的滋味香气十足，苦涩不明显，回甘极好。一传十、十传百，贺开茶的名声也越来越响。随着硬化路面的修通，贺开迎来了八方茶客。

　　最难能可贵的是，在贺开茶炙手可热的时候，贺开村民也意识到了品牌保护的重要性。在曼弄新寨中央立起了写着"山上鲜叶禁止外流，山下茶叶禁止进山"等字样的木牌，十分醒目。村民们说："即使供不应求，也要保证贺开茶的纯正。"对此，笔者甚感欣慰。

第四部分

贺开味道

经过多家采样对比，我们给出贺开古树茶的茶评：干茶色泽乌润，芽头白毫显露，条索稍长；汤色金黄明亮；香气纯正，有淡淡的兰香；汤质柔顺而饱满，涩显于苦，苦化甘较快，杯底香明显且较持久。总体感觉是汤质饱满。

很多资深茶友都知道，以前提到布朗山的茶，大都以贺开古树毛料为最。但是由于它不像老班章茶的霸，也不像老曼峨茶的苦，逐渐退居二线。对照着审评结果，我们不妨来对比一下贺开古树茶、老班章古树茶、老曼峨古树茶的内含物：

检测茶样	含水率（%）	水浸出物（%）	咖啡碱（%）	酯型儿茶素（%）	游离氨基酸（%）
贺开头春古树茶	9.27	49.71	3.72	4.98	4.68
老班章古树茶	8.42	49.55	3.38	4.91	5.62
老曼峨头春古树茶	9.07	50.72	2.92	5.84	4.78

（茶样检测数据由茶树生物学与资源利用国家重点实验室提供）

贺开古树茶的内含物含量和老班章古树茶差别不大，唯一的不足之处是游离氨基酸的含量相比老班章略低，综合口感不如老班章茶饱满，稍有涩感。但是它的酯型儿茶素低于老曼峨茶，所以苦涩感没有老曼峨茶强。这种不上不下、不高不低的状态往往最是尴尬，也难怪贺开茶如此"低调"。

　　守在贺开山上的拉祜族人日出而作，日落而息，世世代代，安静地守护着先祖留下来的古茶树，日复一日，年复一年。贺开的古树茶就像居住在贺开山上的拉祜族人一样，在高高的山上，与森林为伴。忽然想起毛主席的《卜算子·咏梅》："风雨送春归，飞雪迎春到。已是悬崖百丈冰，犹有花枝俏。俏也不争春，只把春来报。待到山花烂漫时，她在丛中笑。"愿低调的贺开茶永远保持它良好的品质，愿这里青山依旧，茶香常在！

第二十三寨　布朗族研究的活化石——巴达章朗

山高谷深，林木成片。
山顶上耸立着一座风格独特的佛塔。

第一部分

大象冻僵的地方

用过早饭，从勐海县城出发，"寻茶孤狐"先生熟练地驾驶着皮卡穿过勐遮镇，向南沿公路盘山而上，经过巴达的群山，就是我们此行的目的地——章朗。

章朗寨位于西双版纳勐海县西定乡，距离景洪市约 100 公里。虽然属于山区，但通往章朗寨的道路是柏油路，交通方便。章朗占地面积 5.47 平方公里，海拔 1500 米左右，年平均气温 21℃，年降水量 1530 毫米，适宜种植茶、甘蔗等。

章 朗 概 况

土地面积		5.47 平方公里
茶山海拔		1500 米左右
年平均气温		21 ℃
年降水量		1530 毫米

　　章朗距离勐海县城70公里，这片土地对于"寻茶孤狐"先生来说又是轻车熟路，所以没一会我们就到了。据村支书旦南介绍，章朗寨由三个村落组成——老寨、中寨、新寨，分别有224、260、280户人家。中寨和新寨都是从老寨迁出而成的村寨。

　　章朗不仅是巴达山的产茶区，也是宗教圣地，这一点从章朗寨的传说中也能看出来。

　　传说，1400多年以前，佛家弟子玛哈烘用大象驮着经书归来，当他来到恩巩踩多山（现章朗佛寺所在地）时，正值冬季，又遇上冻雨突降，大象竟被冻僵了，跪卧不起，附近村民闻讯赶来，帮助玛哈烘拾掇薪柴，在大象周围燃起柴火，供其驱寒取暖，大象逐渐得以恢复。后来，玛哈烘在此建寺立塔，动员周围村寨的人搬到现在的地址，组建新寨，取名"章朗"，以纪念大象驮经书之功。

布朗族生态博物馆

　　2004 年，西双版纳傣族自治州政府在章朗建了一个颇具规模的布朗族生态博物馆，作为介绍布朗族历史文化的窗口。为什么建在这里呢？因为布朗族的建筑、历史、语言、服饰、生活习俗，在章朗得以完整保留。如果想要了解这个种茶民族，最好的地方莫过于章朗，近些年来，国内不少的民族学者、专家都会到章朗来做考察研究。

第二部分
章朗六宝

作为纯布朗族村寨，章郎的人文风俗尤为突出，不仅有大象井、南三飘坟、仙人洞、古驿道、景桑古城遗址、虎跳峡、白水河瀑布等一系列自然与人文完美结合的景观，更有千年传承的"章郎六宝"。千年之期已经让其他茶区难以望其项背，更何况是"六千年的故事"。

第一宝：千年古寨

章朗上千年的历史不用多说，贝叶经上清楚地记载着，章朗已有1400多年的建寨历史。

第二宝：千年古寺

据章朗佛寺珍藏的贝叶经记载，这座佛寺已经有1365年的历史。它占地4亩，有一座佛寺，一间僧房，一座佛塔，一座藏经阁，阁内珍藏着100多卷贝叶经，整个佛寺建筑群具有独特的布朗族建筑艺术风格。

第三宝：千年古井

章朗村外有一口有千年历史的古井。相传，释迦牟尼的弟子走到村前，天气炎热，大象口渴难忍，便用鼻子在地上钻出一口水井。人们称水井为"那么着章"，意为：大象用鼻子掏出来的水井。

第四宝：千年茶树

众所周知，巴达山是茶树的王国。20世纪60年代初，在巴达山的原始森林中，一株高达23米，树龄达1700余年的巨大老茶树被发现，它就是后来载入史册的巴达山野生茶树王。而这棵千年茶树王正位于章朗古茶园。

章朗寨古茶园面积约700亩，是巴达山古茶园最多的寨子。古茶树呈乔木状生长，茶树与森林共生，在林中有很多茶籽落地后自然长出的小茶树，所以园林茂密、生态环境保存较好。

章朗寨茶地土壤检测结果，见下表：

	pH	全氮（g/kg）	碱解氮（mg/kg）	速效磷（mg/kg）	交换性镁（mg/kg）	有机质（g/kg）	速效钾（mg/kg）
巴达章郎	4.68	2.07	142.13	2.15	21.06	21.21	26.64
参考值	4.5 ~ 5.5	>0.75	>60	>5	30 ~ 60	>10	>50

（土样检测数据由茶树生物学与资源利用国家重点实验室提供）

通过检测得出的数据，我们可以知道，该地土壤碱解氮含量高，有机质含量丰富，但速效钾、速效磷含量相对偏低。氮、磷、钾是茶树生长所必需的营养元素，能够决定茶叶的产量与品质，但氮、磷、钾含量比例要适当，某种元素过多或过少都会影响茶叶的品质，有研究认为，茶园中氮、磷、钾的比例为 2:1:1—5:1:2 较为合适。

章朗的古茶树看上去没有南糯山、老曼峨的古茶树年代久远，树围在七八十厘米的占多数，茶树大多没有砍过梢尖，树高五六米，很不容易采摘，需要搭木梯。

第五宝：千年茶农

作为云南最早种茶的民族之一，布朗族曾经居住过的地方，都留下了大面积的茶地，成为云南茶叶的主产区。

章朗寨民仍然保留着原始农业时期的一些耕作遗迹，成为考古学者研究布朗族先民生产方式的活化石。旱季的 11 月至 12 月期间，村民在原始森林中伐倒部分树木作为种植茶树的场地。清理场地后，把伐倒的大树分解成建竹楼的木料运进村寨，树枝做生活燃料。村民在雨季来临前的四五月间，放火烧地，然后把茶籽直接点种进舒松肥沃的土壤里。几年后，森林恢复了原貌，茶树也成长为原始森林中的一员。

第六宝：千年茶俗

布朗族在数千年的种茶、制茶历史中形成了独具特色的茶习俗。

无论走进哪家竹楼，好客的主人都会手捧一杯热气腾腾的茶，敬献到客人手中。这杯茶称为迎客茶。布朗族竹楼的火塘边，常年放着一把大茶壶，当客人坐定，茶水已经煮沸烧开，主人用竹子制作的茶杯，盛满茶水献到每位客人手中。

如果寺庙举行布朗族家庭送小孩当和尚、升和尚、升佛爷，或娶媳妇、嫁姑娘等重大活动，当地茶农都会发放"茶请柬"，布朗语称为"恩膏勉"。凡是接到"茶请柬"的人，必须按时参加这项活动。茶请柬一般用芭蕉叶包着一小包茶叶和两支"腊条"，用竹篾捆成一体。

布朗族还流行着吃酸茶的习惯。酸茶主要是布朗人上山下地劳作时吃的茶点。因为在外劳作时，无法生火，就没办法冲泡茶水。但是布朗人是"宁可食无肉，不可饮无茶"的，因而，酸茶就诞生了。无须生火，更不必水泡，带一筒在身边，边干活边嚼可起到解渴、提神的作用。

第三部分
章朗茶价格直线攀升

了解完章朗的民风习俗，我们当然也要看一看章朗茶叶的价格如何。

2000 年至 2021 年巴达章朗古树茶的价格见下表：

年份	春茶价格 （元/公斤）	秋茶价格 （元/公斤）
2000	5	5
2001	5	5
2002	5	5
2003	8	6
2004	8	6
2005	10	8
2006	30	10
2007	150	70
2008	300	90
2009	300	60
2010	200	80
2011	200	70
2012	380	80
2013	400	100
2014	500	150
2015	600	120
2016	800	300
2017	1200	500
2018	1400	500
2019	1600	550
2020	1600	550
2021	1600	550

（特别声明：此价格只做参考）

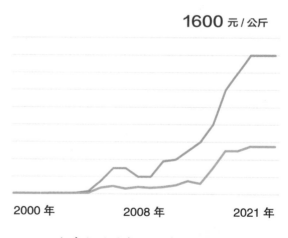

1600 元/公斤

2000 年　　　2008 年　　　2021 年

2016 年章朗的早春古树茶价格约为 800 元/公斤，2017 年的古树茶春茶价格在每公斤 1200 元左右，大树茶为每公斤 400 元，小树茶为每公斤 180 元。尽管章朗古树茶已卖到 1000 元以上，但村民们并没有花大功夫去修复古茶园。分析原因可能有三：一是劳动力不够；二是荒草杂木太多太深，修整起来太过复杂；三是茶树太高不易采摘。

第四部分
章朗古树茶评

经过多家茶样评审，我们给出巴达山章朗古树茶的茶评：干茶润泽显毫；茶汤明亮；有山野的花香；微苦涩感，苦稍长，微涩，轻度收敛。巴达章朗古树茶的总体感觉是山野的花香，微涩，有苦感。

我们来看一下章朗茶的内含物：

检测内容	检测数值	参考平均值	释义
含水率（%）	9.30	≤ 10	合格
水浸出物（%）	52.15	非常高	非常醇厚
咖啡碱（%）	3.68	中等较高	苦感较高
酯型儿茶素（%）	6.01	非常高	涩感非常明显
游离氨基酸（%）	4.44	中等较低	鲜爽度较低

对照参考平均值，我们可以知道，52.15%的水浸出物使得其茶汤非常厚重，较高的咖啡碱含量，非常高的酯型儿茶素含量，以及较低的游离氨基酸含量，使得章朗古树茶霸气十足，非常耐冲泡，但有苦涩感。

无论是布朗族的原始种茶方式，还是章朗古树茶的山野霸气都是我们正在追求的原汁原味、朴实自然。和大多数茶友一样，笔者对这块活化石也是一直追随，无限向往。

第二十四寨　有位好姑娘——帕沙

对于帕沙，笔者的感觉是相识恨晚，有三点不吐不快：

其一，帕沙与老班章一脉相承，老班章是若干年前从帕沙迁出的。
其二，帕沙古茶园在 3000 亩左右，树龄四五百年。
其三，帕沙老寨是哈尼族在勐海县的一个历史定居点。

第一部分
地图上的帕沙

帕沙村位于云南省西双版纳州勐海县格朗和哈尼族乡境内，处于南糯山与布朗山之间。帕沙山很大，绵延十多公里，北接苏湖，西接勐混镇的贺开，东与景洪市小街乡接壤。

帕沙离勐海县城35公里，离乡政府6公里，大部分是柏油路，进村后就逐渐过渡成了水泥路。听茶商黄老板讲，以前路况不好时，从县城开车去帕沙要4个小时左右，现在只要1个多小时。虽然现在路况好了许多，但也是一路爬坡而行，大都是转山路，坡度极陡，而且路面窄，仅够一辆车通行，建议大家造访帕沙，最好还是找本地驾驶员更为稳妥些。而且晕车的朋友注意了：去帕沙的路虽然不颠，但"胳膊肘弯儿"太多，不吃晕车药，很容易转晕。

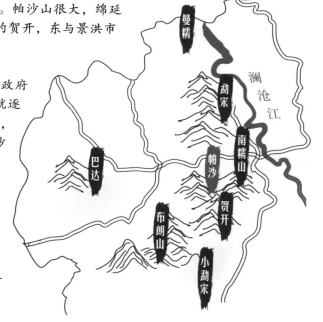

帕沙在行政划分上是一个村委会，辖5个哈尼族寨子，是哈尼族在勐海县的另一个历史定居点。这5个哈尼族寨子分别是老寨、中寨、新寨、南干和老端，分布在帕沙山的半山腰。黄老板介绍，其中最大的寨子是帕沙中寨，有200多户人家，帕沙老寨有上百户人家，最小的新寨也有30多户，各个寨子相距1公里左右，寨与寨之间能互喊对望。

去过老班章的人都知道，从勐海去老班章和去帕沙是两个方向。也就是说，如果开车从帕沙去老班章，必须先到勐海县城，然后从县城沿着勐混方向去老班章，就目前的路况来说，也要3个半小时。而对于帕沙人来说，走着去老班章比开车方便多了。在帕沙老寨有条小路，顺着这条小路走45分钟可以走到邦盆，两个多小时可以走到老班章。有点儿密道通班章的意思。

听村里的小五说，这条密道沿路都是古茶树，一直能连到老班章。如果时间允许，笔者还真想徒步走一趟这条百年古道。

帕沙老寨的历史

帕沙老寨到底有多少年的历史，没人说得清楚。

笔者根据哈尼族的分寨习俗进行了一个演算：当寨子住户达到100户左右时，哈尼族便要分新寨，因此其他的寨子基本都是从老寨分出来的，包括老班章。这也是老班章属于布朗山，居民却是哈尼族的原因。一个寨扩大成七八个寨，人口增加了这么多，在古代生产力极端落后的情况下，这一过程不是二三百年能完成的，再根据帕沙古茶园面积和茶树大小年代分析，帕沙老寨的历史应该不低于500年。

第二部分
上千亩古茶园

　　帕沙茶山海拔 1200~2000 米，终年云雾缭绕，雨水充足。茶园有 3000 亩左右，茶叶树龄大概在四五百年。帕沙古茶园的茶树没有被矮化过，树姿向上，葱绿繁茂，长势很好。常年收购帕沙古树茶的黄老板介绍，帕沙古茶园面积大，主要分布在村寨周围，无论大寨、小寨、新寨、老寨，寨寨都有古茶园，古茶园将 5 个寨子相接相连，有不少大茶树就屹立在寨子中间。帕沙古茶园的顶端，就是帕沙的茶王树，它已经走过了一千年的岁月，树围已达 2.1 米。

　　帕沙的古茶树不修剪，而且茶园从不施肥、不打农药，也不翻土。虽说这样会影响茶叶产量，但能保持古树茶的特质。所以像黄老板这样的茶商每年都来帕沙蹲点、守茶，生怕少收一片茶叶。

古茶树经过千百年来大自然的物竞天择、优胜劣汰，本身已经具备了抵抗各类病虫害的能力。而且古茶树的树根比一般树木的根扎得更深。无论是地表的枯枝落叶，花果的腐质，还是地下深层土壤中富集的各种矿物质都可转化成为古茶树自身所需的营养物质。

帕沙茶地土壤检测的理化指标，见下表：

	pH	全氮 （g/kg）	碱解氮 （mg/kg）	速效磷 （mg/kg）	交换性镁 （mg/kg）	有机质 （g/kg）	速效钾 （mg/kg）
帕沙	4.36	2.49	148.2	2.15	8.32	26.26	19.20
参考值	4.5～5.5	>0.75	>60	>5	30～60	>10	>50

（土样检测数据由茶树生物学与资源利用国家重点实验室提供）

检测数据表明，该土壤酸性偏强，全氮、碱解氮、有机质含量较高，但速效钾、速效磷和交换性镁的含量较低，其中交换性镁和速效钾的含量在本书24寨中属偏低水平。交换性镁是植物必需的营养元素之一，可促进植物重要的生理代谢作用。速效钾是茶树生长的重要营养元素，其与茶叶产量呈正相关关系。同时，钾对茶叶品质有显著的改善作用，它不仅能提高茶叶的感官品质，还能影响茶叶品质的生化分组，建议运用配方施肥技术，进行平衡施肥，调整氮、磷、钾肥、有机质和无机质、大量元素和中微量元素的比例，以改善和提高帕沙茶园土壤的肥力。

第三部分

性价比较高的帕沙茶

因为道路难行，到访帕沙的人相比周边茶区要少很多。所以帕沙茶的性价比是较高的。

2000 年至 2021 年帕沙古树茶收购价格，统计数据如下：

年份	春茶价格 （元/公斤）	秋茶价格 （元/公斤）
2000	6	6
2001	8	8
2002	14	10
2003	20	10
2004	20	10
2005	30	16
2006	50	23
2007	180	85
2008	20	10
2009	30	15
2010	60	30
2011	200	85
2012	300	140
2013	500	250
2014	800	390
2015	900	400
2016	1200	550
2017	1500	600
2018	1600	600
2019	2000	650
2020	2000	650
2021	2000	650

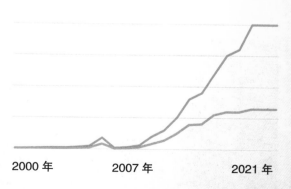

2000 元/公斤

2000 年　　　2007 年　　　2021 年

（特别声明：此价格只做参考）

第四部分

茶香醉人

通过多家茶样对比，我们给出帕沙古树茶的茶评：干茶条索粗壮显毫；汤色黄绿明亮；香气高扬，花香明显；入口甜感好，水路比较细，苦涩感较弱，有回甘，生津快。帕沙古树茶的总体感觉是香足和水甜。因为帕沙茶的酚类含量高，使茶叶杀青完成之后有自然的高香，而且古茶树茶叶内含的化学成分特别丰富，使其茶汤滋味调和得好，香高味浓，滋味醇厚。

既然帕沙与老班章一脉相承，那么我们就将两地茶叶的内含物检测数据进行对比分析，了解一下它们的不同之处：

检测茶样	含水率（%）	水浸出物（%）	咖啡碱（%）	酯型儿茶素（%）	游离氨基酸（%）
帕沙头春古树茶	9.04	48.56	3.69	5.14	5.41
老班章古树茶	8.42	49.55	3.38	4.91	5.62

（茶样检测数据由茶树生物学与资源利用国家重点实验室提供）

　　通过检测数据综合分析，帕沙茶与老班章茶的内含物较为接近。帕沙茶咖啡碱的含量及酯型儿茶素的含量都比老班章茶高，水浸出物和游离氨基酸的含量比老班章低些，所以帕沙茶尽管自身的综合指标不错，口感也较饱满，但口感的协调度与老班章茶相比还是弱一些。

　　大多数人熟识班章、南糯，而高海拔的帕沙，却因山路难行，很少被关注。在笔者看来：帕沙，如深居闺房的姑娘，香甜而美丽。

茶园土壤的相关术语

全氮

土壤全氮是土壤中有机态氮与无机态氮的总和。土壤氮素绝大部分来自有机质，故有机质的含量与全氮含量成正相关。土壤中的全氮含量代表着土壤氮素的总贮量和供氮潜力。因此，全氮含量与有机质一样是土壤肥力的主要指标之一。

碱解氮

碱解氮又叫水解氮，它包括无机态氮和结构简单能为作物直接吸收利用的有机态氮，它可供作物近期吸收利用，故又称速效氮。碱解氮含量的高低，取决于有机质含量的高低和质量的好坏。有机质含量丰富，熟化程度高，碱解氮含量亦高，反之则含量低。

速效磷

土壤中的速效磷是土壤磷素供应的重要指标。磷能促进类黄酮物质的形成以及增加茶多酚、氨基酸和咖啡碱的含量。影响土壤速效磷含量的因素除全磷含量外，还受土壤中活性铁、铝、钙等离子固定作用的影响。

交换性镁

土壤胶体表面吸附的镁离子 (Mg^{2+})，是植物可以利用的镁。矿物风化释放出的 Mg^{2+}，与胶体表面的 H^+ 进行互换反应而形成交换性镁。交换性镁也可以与土壤溶液中的 H^+ 进行交换而再度进入溶液中。镁是植物必需的营养元素之一。镁对植物有重要的生理代谢作用。植物缺镁时，叶绿素和叶绿素 a、b，类胡萝卜含量下降，叶片褪绿；同时，对 CO_2 的同化能力下降，光合能力下降。镁还是植物体内多种酶的活化剂。这些酶关系到碳水化合物、脂肪和蛋白质等物质的代谢和能量转化。

有机质

土壤有机质含量是茶园肥力水平的重要指标之一，土壤有机质含量与土壤肥力水平密切相关，土壤有机质具有提供植物营养，提高土壤的保水保肥能力，促进土体团粒结构形成和土壤潜在养分转化，减少淋失和土壤侵蚀以及消除农药残毒和重金属污染等作用。

速效钾

速效钾是茶树生长的重要营养元素，土壤钾含量与茶叶产量呈正相关关系，钾能显著提高茶叶中的游离氨基酸、茶多酚等内含物的含量，对水浸出物、儿茶素等含量也有影响。土壤中茶树可以直接迅速吸收利用的钾。主要有土壤溶液中游离的钾离子和胶体上吸附的交换性钾，后者占90%以上。茶叶需要氮、磷、钾含量丰富且三者比例适当，才能获得较高的品质，某种元素过多或过少都会影响茶叶的品质。一般绿茶区按4:1:1的比例，红茶区按3:1.5:1的比例。

pH

pH 是亦称氢离子活度指数，是溶液中氢离子活度的一种标度，也就是通常意义上溶液酸碱程度的衡量标准。pH 值越趋向于 0 表示溶液酸性越强，反之，越趋向于 14 表示溶液碱性越强，在常温下，pH=7 的溶液为中性溶液。茶树喜酸性土壤。不少研究表明茶园土壤的 pH 值不应太低，pH 值在 5.0 ~ 6.5 时可获得较好的茶叶品质，可将土壤 pH 值调节至 5.51，达到最适合茶树生长的酸度条件，该条件下生产的茶叶品质也最佳，茶叶茶多酚、儿茶素、咖啡碱、氨基酸和叶绿素含量分别比对照提高。

云南24寨土壤检测结果一览表

地 点	pH	全氮 （g/kg）	碱解氮 （mg/kg）	速效磷 （mg/kg）	交换性镁 （mg/kg）	有机质 （g/kg）	速效钾 （mg/kg）
老班章	4.41	2.83	184.46	2.38	29.38	28.21	20.65
新班章	4.09	4.46	353.81	2.22	10.66	43.64	44.17
老曼峨	4.89	1.54	120.96	2.69	51.74	11.58	44.67
章家三队	4.5	3.27	199.58	3.16	35.88	31.76	44.62
刮风寨	4.83	0.85	108.86	6.36	22.88	8.4	65.65
麻黑	4.69	1.32	99.79	1.76	1.30	10.57	23.74
薄荷塘	4.57	0.72	56.79	1.76	1.30	23.57	23.74
冰岛老寨	4.71	1.10	73.23	1.76	35.43	9.97	20.71
小户赛	4.73	1.08	111.89	1.68	34.58	9.74	19.04
正气塘	4.99	1.05	60.48	2.54	28.34	7.25	27.64
忙肺	4.9	2.67	157.3	6.75	24.96	27.54	143.3
那罕	4.88	1.28	81.65	5.74	16.38	13.31	26.78
昔归忙麓山	5.06	1.66	96.77	2.85	40.82	12.17	36.65
莽枝	6.53	1.71	90.72	75.04	108.7	18.24	458.7
革登·值蚌	4.67	1.50	157.25	1.68	22.10	12.61	46.82
倚邦曼松	4.39	2.26	169.34	2.93	12.74	23.61	77.65
景迈	4.78	4.05	273.67	1.83	141.20	2.91	44.46
南糯	4.66	2.05	151.20	1.21	20.28	20.91	88.05
那卡	4.89	1.72	139.10	2.38	56.16	15.02	24.19
困鹿山	4.86	2.01	117.94	11.98	29.64	5.64	91.56
邦崴	4.06	1.15	78.62	2.07	26.78	10.38	25.38
贺开	5.05	2.83	151.2	8.00	57.72	31.07	99.23
巴达章朗	4.68	2.07	142.13	2.15	21.06	21.21	26.64
帕沙	4.36	2.49	148.2	2.15	8.32	26.26	19.20

GT123 晒青茶审评法

一、本法说明

1. 本法发明人为范承胜、郝连奇、浦绍柳，是基于普洱晒青茶多年收购经验的总结。
2. 本法只供借鉴参考，不是官方审评方法，没有权威性。
3. GT123 的释义：G（great），T（tea），123 代表审评时的出汤时间分别是 1 分钟，2 分钟，3 分钟。

二、本法特点

1. 主要适用晒青茶，尤其适用于晒青茶的多样审评。
2. GT123 与 GB/T 23776-2009 的区别：GT123 主要适用于晒青茶，尤其是考虑了普洱生茶的后期转化，增加了苦涩甘甜的评分比重；GB/T 23776-2009 的适用性更加广泛，能综合考量六大茶类的品质。
3. 本法适合茶企采购人员和普洱茶收藏者参考。

三、本法的注意事项

1. 样品要求统一的形态为散茶。
2. 样品要求同一时期采制，最好是同年同月采制。若不能，本法审评结果只代表这一时期的品质。

四、审评要求

茶水比例 1:22，5 克茶样配 110 毫升审评杯。

五、评审方法

1 分钟：重点在于香、甜的打分。

香分为：异味、焦味、烟味、醇香、花香、果香、陈香等；

甜：这里的甜是指入口即甜，区别于回甘（苦后甜）。

2 分钟：重点在于苦、涩、甘的程度。苦度、甘度越大，分值越高；涩对香、苦、涩、甘、甜的进一步确认。

3 分钟：对香、苦、涩、甘、甜的进一步确认。

六、普洱生茶审评计分表

序号	名　称	外观 15分	香 15分	甜 10分	苦 15分	涩 10分	甘 15分	汤色 10分	叶底 10分	合计
1										
2										
3										
4										
5										
6										
7										
8										
9										
10										

图书在版编目 (CIP) 数据

普洱帝国：云南普洱 24 寨 / 郝连奇 , 浦绍柳编著 . —武汉：华中科技大学出版社，2018.5（2024.4重印）
ISBN 978–7–5680–3975–8

Ⅰ . ①普… Ⅱ . ①郝… ②浦… Ⅲ . ①普洱茶 – 介绍 – 云南 Ⅳ . ① TS272.5

中国版本图书馆 CIP 数据核字 (2018) 第 063812 号

普洱帝国：云南普洱 24 寨
Pu'er Diguo：Yunnan Puer 24 Zhai

郝连奇　浦绍柳　编著

策划编辑：杨　静　陈心玉
责任编辑：沈　柳
封面设计：红杉林文化
责任校对：张会军
责任监印：朱　玢
出版发行：华中科技大学出版社 (中国·武汉)　　电话：(027)81321913
　　　　　武汉市东湖新技术开发区华工科技园　邮编：430223
录　　排：华中科技大学惠友文印中心
印　　刷：湖北金港彩印有限公司
开　　本：710mm×1000mm　1/16
印　　张：20.5
字　　数：220 千字
版　　次：2024 年 4 月第 1 版第 8 次印刷
定　　价：118.00 元